普通高等教育
艺术类“十二五”规划教材

人机工程学

+ 李维立 曹祥哲 编著 +

ERGONOMICS

人民邮电出版社
北京

图书在版编目（CIP）数据

人机工程学 / 李维立，曹祥哲编著. -- 北京 : 人民邮电出版社，2017.3
普通高等教育艺术类“十二五”规划教材
ISBN 978-7-115-44014-3

Ⅰ. ①人… Ⅱ. ①李… ②曹… Ⅲ. ①工效学－高等学校－教材 Ⅳ. ①TB18

中国版本图书馆CIP数据核字(2017)第003784号

◆ 编　　著　李维立 曹祥哲
责任编辑　刘　博
责任印制　杨林杰

◆ 人民邮电出版社出版发行　北京市丰台区成寿寺路 11 号
邮编　100164　电子邮件　315@ptpress.com.cn
网址　http://www.ptpress.com.cn
北京捷迅佳彩印刷有限公司印刷

◆ 开本：787×1092　1/16
印张：10　　2017 年 3 月第 1 版
字数：233 千字　　2024 年 7月北京第 10 次印刷

定价：54.00 元

读者服务热线：(010)81055256　印装质量热线：(010)81055316
反盗版热线：(010)81055315

前　言

从设计的角度而言，一切为人类生产与生活所需而创造的物，在设计和制造时，都无一例外地要把“人的因素”作为一个重要和必需的条件来考虑。因此，研究和应用人机工程学的原理和方法，已成为设计者的必修课之一。

本书阐述了人机工程学的原理、方法和应用实例。人机工程学是一个跨界学科，它通过应用人体测量学、人体力学、劳动生理学、劳动心理学等学科的研究方法，对人体结构特征和机能特征进行研究。人机工程学提供人体各部分的尺寸、重量、体表面积、比重、重心以及人体各部分在活动时的相互关系和可及范围等人体结构特征参数；提供人体各部分的出力范围、活动范围、动作速度、动作频率、重心变化以及动作时的习惯等人体机能特征参数；分析人的视觉、听觉、触觉以及肤觉等感觉器官的机能特性；分析人在各种劳动时的生理变化、能量消耗、疲劳机理以及人对各种劳动负荷的适应能力；探讨人在工作和生活中影响心理状态的因素以及心理因素对工作效率的影响等。

本书通过很多实例说明如何实现设计物与人相关的各种功能的最优化，创造出与人的生理、心理机能相协调的人造物，这是当今各种设计中的重要课题。一项优良设计必然是人、环境、技术、经济、文化等因素巧妙平衡的产物。为此，要求设计师有能力在各种制约因素中，找到一个最佳平衡点。要找到最佳平衡点，就要在设计中坚持“以人为本”的原则。这个原则的具体表现就是以人为主线，将人机工程学规范贯穿于设计的全过程，并且在设计的各个阶段，都有必要进行人体工程学的研究与判断，以确保一切设计物都能符合人的特性，从而使其使用功能不超过合理的界限。

本书还明确指出，人机工程学现今已是很多设计门类的专业基础课程，在这门课程中我们必须理解、明白人机工程学的基础知识，并且深切地感悟出人体工程学与各个设计专业的关联性，使设计者在设计过程中能充分考虑人和所设计的人造物以及两者所处的环境的协调、统一，使人造物与人能够相互协调，尽量满足使用者对舒适和安全的要求。随着人类生活机械化、自动化、信息化、网络化和交互化的高速发展，人的因素在设计与生产中的影响越来越大，人机和谐发展的问题也就显得越来越重要，人机工程学这门学科在设计教学及实际应用中的地位与作用亦越来越重要。

编　者

2016 年 8 月 26 日

目录 Contents

第4章 使用者心理研究

第5章 产品操纵装置设计

第6章 产品显示装置设计

第 1 章
人机工程学基础知识

Chapter

人机工程学是一门非常重要的应用学科，它专门研究人和机器的配合关系，考虑到人的身体尺度、心理状态以及如何操作机器，使得人在使用机器时，整个人和机器的配合效果达到最佳的状态，从中我们可以了解到人机工程学的宗旨。可见这门学科是以研究人与人、人与物、人与环境的关系为中心的。

人机工程学在我们生活中的应用随处可见，如人操作电脑、司机开动汽车、飞行员驾驶飞机以及我们的行坐住卧，都体现着人机工程学对生活的影响。

1.1 人机工程学简介

人机工程学是研究人、机器及工作环境之间相互作用的学科。该学科在其自身的发展过程中，逐步打破了各学科之间的界限，涉及各相关学科的理论，并不断地完善自身的基本概念、理论体系、研究方法以及技术标准和规范，从而形成了一门研究和应用范围都极为广泛的综合性边缘学科。因此，它具有现代各门新兴边缘学科共有的特点，如学科命名多样化、学科定义不统一、学科边界模糊、学科内容综合性强、学科应用范围广泛等。

1.1.1 人机工程学的学科命名

人机工程学在我国起步较晚，目前该学科在国内外的名称尚未完全统一，由于该学科研究和应用的范围极其广泛，各学科、各领域的专家、学者都试图从自身的角度来为其命名和下定义，因而世界各国对该学科的命名不尽相同，即使同一个国家对其名称的提法也不统一，甚至有很大差别。除普遍采用人机工程学外，常见的名称还有人体工程学、人类工效学、人类工程学、工程心理学、宜人学等。不同的名称，其研究重点略有差别。例如，该学科在美国被称为“Human Engineering”（人类工程学）或“Human Factors Engineering”（人的因素工程学），西欧国家多称为“Ergonomics”（人类工效学）。

但是，任何一门学科的名称和定义都不是一成不变的，特别是新兴边缘学科，随着学科的不断发展，研究内容的不断扩大，其名称和定义还将发生变化。本书沿用的是人机工程学的名称，实质上与其他名称并无本质区别。

1.1.2 人机工程学的学科定义

国际人类工效学学会为本学科所下的定义是目前最权威且最全面的，即人机工程学是研究人在某种工作环境中的解剖学、生理学和心理学等方面的各种因素；研究人和机器及环境的相互作用；研究在工作中、家庭生活中和休闲娱乐时如何综合考虑人的工作效率、健康、安全和舒适等问题的学科。

有学者曾经形象地说："人机工程学是帮助人类摆脱自己所造成的麻烦的学科。"在工作与生活中，人们不断遇到由于自己和其他人的行为不当（包括科学技术的利用和机械工具等人造物的使用）而带来的麻烦，这些麻烦包括低效、疲劳、事故、紧张、忧患、环境生态破坏等各种有形或无形的损失。种种疏忽、遗忘、大意的错误行为，固然有一些可以归结为人的心理、生理和意识、习惯方面的欠缺而引发的，这些能通过训练、教育、纪律等方式加以避免，但还有一些却是无法完全避免的。人机工程学就是在承认"不可避免"这一特性的基础上，对产品设计、环境设施等方面进行研究；甚至对人际关系、组织社会结构等方面进行研究，防止和减少其所有会带来麻烦的错误，以此提高工作效率，增强人们的安全性与舒适感。

1.1.3 人机工程学的发展历程

1. 人机工程学的发展初期

20 世纪初，一些美国学者在传统管理方法的基础上，首创了新的管理方法和理论，并据此制订了一整套以提高工作效率为目的的操作方法，考虑了人使用的机器、工具、材料及作业环境的标准化问题。其后，随着生产规模的扩大和科学技术的进步，科学管理的内容不断充实丰富，动作时间研究、工作流程与工作方法分析、工具设计、装备布置等，都涉及人和机器、人和环境的关系问题，而且都与如何提高人的工作效率有关。有些原则至今对人机工程学研究仍有一定意义。因此，人们认为这些科学管理方法和理论是后来人机工程学发展的奠基石。

这一时期主要的研究内容是：研究每一职业的具体要求；利用测试来选择工人和安排工作；规划利用人力的最好方法——制订培训方案，使人力得到最有效的发挥；研究最优良的工作条件；研究最好的管理组织形式；研究工作动机，促使工人和管理者之间通力合作。

此时学科发展的主要特点是：机械设计的主要着眼点在力学、电学、热力学等工程技术方面的原理设计上，在人机关系上是以选择和培训操作者为主，使人适应于机器。

2. 人机工程学的持续发展时期

人机工程学学科发展的第二阶段是第二次世界大战期间。当时，由于人们片面注重新式武器和各种装备的功能研究，而忽视了其中"人的因素"，因此由于操作失误而导致使用失败的教训屡见不鲜。失败的教训引起生产决策者和设计者的高度重视，并深深感到"人的因素"在设计中是不能忽视的一个重要条件，同时还认识到，要设计好一个高效能的装备，只有工程技术知识是远远不够的，还必须有生理学、心理学、人机测量学、生物力学等学科的知识。因此，人们首先在军事领域中开展了与设计相关的学科的综合研究与应用。这一阶段一直延续到 20 世纪 50 年代末。在其发展的后期，由于战争的结束，人机工程学学科的综合研究与应用逐渐从军事领域向非军事领域发展，并逐步利用军事领域中的研究成果来解决民用工业与工程设计中的问题。

与此同时，人们还提出：在设计工业机械设备时，也应集中工程技术人员、医学家、心理学家等相关学科专家的智慧。该学科在这一时期的发展特点是重视工业与工程设计中“人的因素”，力求使机器适应于人。

3. 现代人机工程学的发展与完善

到了 20 世纪 60 年代，欧美各国步入了大规模的经济发展时期。在这一时期，随着人机工程学所涉及的研究和应用领域不断扩大，从事本学科研究的专家所涉及的专业和学科也就越来越多，主要有解剖学、生理学、心理学、工业卫生学、工业与工程设计、工作研究、建筑与照明工程、管理工程等。

经过总结，专家认为，现代人机工程学发展有以下 3 个主要特点。

（1）不同于传统人机工程学研究中着眼于选择和训练特定的人，使之适应工作要求；现代人机工程学着眼于机械装备的设计，使对机器的操作不越出人类能力界限。

（2）与实际应用密切结合，通过严密计划设定的广泛实验性研究，尽可能利用所掌握的基本原理，进行具体的机械装备设计。

（3）力求使实验心理学、生理学、功能解剖学等学科的专家与物理学、数学、工程学方面的研究人员通力合作。

现代人机工程学研究的方向：把人—机器—环境系统作为一个统一的整体来研究，以创造最适合人操作的机械设备和作业的环境，使人—机器—环境系统相协调，从而使系统获得最高的综合效能。

1.1.4 我国人机工程学研究与发展现状

人机工程学学科在我国起步虽晚，但发展迅速。新中国成立前仅有少数人从事工程心理学的研究，到 20 世纪 60 年代初，也只有在中科院、中国军事科学院等少数单位内，有从事人机工程学及相关学科研究的人，而且研究范围仅局限在国防和军事领域。

如今随着我国科学技术的发展和对外开放脚步的加快，人们逐渐认识到人机工程学研究对国民经济发展的重要性。目前，该学科的研究和应用已扩展到工农业、交通运输、医疗卫生以及教育系统等领域和部门，由此也促进了本学科与工程技术和相关学科的交叉渗透，使人机工程学成为国内一门新兴的边缘学科。

现在，我国大约有 300 所高校开设了工业设计专业或相关课程，同时，更多的相关专业的师生也迫切需要了解人机工程学方面的知识，对人机工程学的研究与教学也越来越得到高校的重视。图 1–1 所示为我国自主研发的和谐号列车，图 1–2 所示为我国自主研发的地铁。

图 1–1　我国自主研发的和谐号列车

图 1–2　我国自主研发的地铁

1.2 人机工程学研究内容与方法

1.2.1 研究内容

人机工程学的研究包括理论和应用实践两个方面，但当今本学科研究的总体趋势还是理论重于应用。对于学科研究的主体方向，由于各国科学水平和工业基础的不同，所以侧重点也不相同。但纵观人机工程学在各国的发展过程，可以看出本学科的研究进程有如下普遍规律，即往往是对人体测量、环境因素、作业强度和疲劳等方面进行研究；随着这些问题的解决，人机工程学才转到感官知觉、运动特点、作业姿势等方面的研究；然后，再进一步转到操纵、显示设计、人机系统控制以及人机工程学原理在各种工业与工程设计中的应用等方面的研究；最后则进入人机工程学的前沿领域，如人机关系、人与环境关系、人与生态、人的特性模型、人际关系，直至团体行为、组织行为等方面的研究。

就工业设计而言，人机工程学则是围绕着人机工程的根本研究方向来确定具体的研究内容。该学科研究的主要内容可以概括为以下 4 个方面。

1. 人体特性

主要研究对象是在工业设计中与人体有关的内容。例如，人体形态特征参数、人的感知特性、人的反应特性以及人在工作中的心理特征等。研究的目的是解决机械设备、工具、作业场所以及各种用具和用品的设计如何与人的生理、心理特点相适应，从而才有可能为使用者创造安全、舒适、健康、高效的工作条件。

2. 人机系统的互动

人机系统工作效能的高低首先取决于它的总体设计，也就是要在整体上使机器与人相适应。人机配合成功的基本因素是两者既有自己的特点，又可以在系统中互补彼此的不足，如机器功率大、速度快、不会疲劳等，而人具有智慧、多方面的才能和很强的适应能力。如果在分工中注意取长补短，则两者的结合就会卓有成效。

3. 工作场所和信息传递装置

工作场所设计的合理与否，将对人的工作效率高低产生直接的影响。研究工作场所设计的目的是保证物质环境适合于人机的特征，使人以无害于健康的姿势从事劳动，既能高效地完成工作，又感到舒适且不会过早产生疲劳感。

人与机器以及环境之间的信息交流分为两个方面：显示器向人传递信息，控制器则接受人发出的信息。显示器研究包括视觉显示器、听觉显示器以及触觉显示器等多种类型显示器的设计，同时还要研究显示器的布置和组合等问题。控制器设计则要研究各种操纵装置的形状、大小、位置以及作用力等在人体解剖学、生物力学和心理学方面的问题；在设计时，还需考虑人的动作方向和习惯等。

4. 环境控制与安全保护设施

人机工程学所研究的效率，不仅包括人们所从事的工作能在短期内有效地完成，还包括在长期内不存在对健康有害的影响，并使事故的危险性减小到最低限度。环境控制方面，应保证照明、工作环境气候、噪声和振动等常见作业环境条件符合操作人员的要求。图 1–3 所示为符合人机工程学特性的产品设计。

（a）吹风机

（b）榨汁机

（c）电子表

图 1–3　符合人机工程学特性的产品设计

1.2.2 研究方法

人机工程学的研究广泛采用了人机科学和生物科学等相关学科的研究方法及手段，也采纳了系统工程、控制理论、统计学等学科的一些研究成果。另外，本学科的研究也建立了一些独特的新方法，以此探讨人、机、环境要素间复杂的关系问题。

这些方法包括：测量人体各部分静态和动态的数据，调查、询问或直接观察人在作业时的行为和反应特征，对时间和动作的分析与研究，测量人在作业前后以及作业过程中的心理状态和各种生理指标的动态变化，并观察和分析作业过程和工艺流程中存在的问题，分析差错和意外事故的原因，进行模型实验或用电子计算机进行模拟实验，运用数字和统计学的方法找出各变数之间的相互关系，以便从中得出正确的结论或发展形成有关理论。

目前常用的研究方法如下。

1. 分析法

为了研究系统中人与机器的工作状态，会采用各种各样的分析方法，如工人操作动作的分析、功能分析和工艺流程分析等，如图 1–4 所示。

图 1–4　分析法——对使用者进行观察试验分析

2. 实测法

实测法是一种借助仪器设备进行实际测量的方法，例如，对人体静态与动态参数的测量，对人体生理参数的测量或者对系统参数、作业环境参数的测量等，如图 1–5 所示。

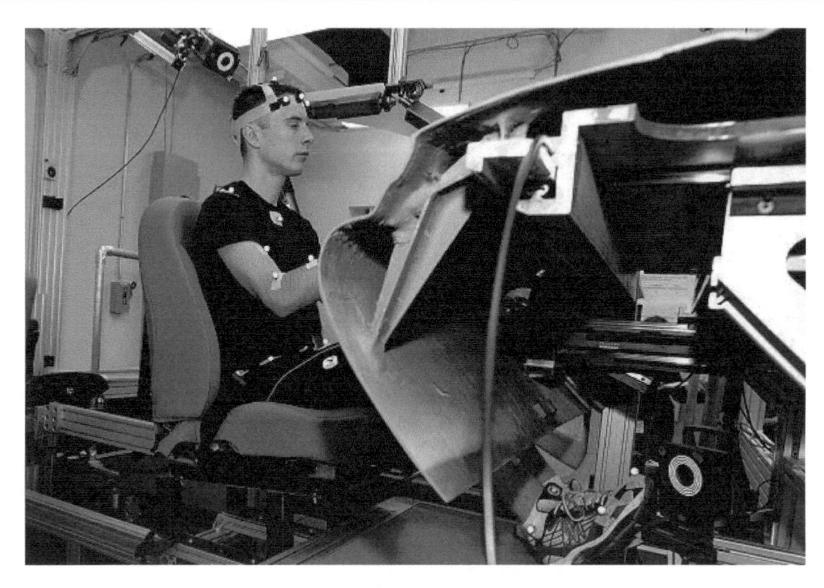

图 1–5　实测法——对使用者进行实验分析

3. 实验法

实验法是当实测法受到限制时采用的一种研究方法，一般在实验室进行，但也可以在作业现场进行。如了解环境色彩对人的心理、生理和工作效率的影响时，由于需要进行长时间和多人次的观测，才能获得比较真实的数据，因此通常在作业现场进行实验，如图 1–6 所示。

图 1–6　实验法——对使用者进行实验分析

4. 模拟和模型试验法

由于机器系统一般比较复杂，因此在进行人机系统研究时常采用模拟的方法。模拟方法包括各种技术和装置的模拟，如操作训练模拟器、机械的模型以及各种人体模型等。通过这类模拟方法，可以对某些操作系统进行接近真实的试验，与实验室中分析得出的数据相比，这些数据往往更符合实际，如图 1–7 所示。

图 1–7　模拟和模型试验法——使用者对产品模型进行试验与评估

以上几种方法是比较常用的研究方法,这几种方法并不是孤立进行的,往往是同时进行。

比如，可以运用“数字人”进行模拟实验和研究。“数字人”是指通过信息科学技术，对人体各个结构进行切削、分割，并数字化，形成在计算机屏幕上看得见的、能够调控的虚拟人体形态。如果进一步将人体功能信息赋予这个人体形态框架，经过虚拟现实技术的交叉融合，这个“数字人”将模仿真人做出各种各样的反应。若设置有声音和力反馈的装置，则可以提供视、听、触等直观而又自然的实时感。届时，连一些高难度的手术研究与模拟都可以在电脑里完成，如图 1–8 所示。

(a)

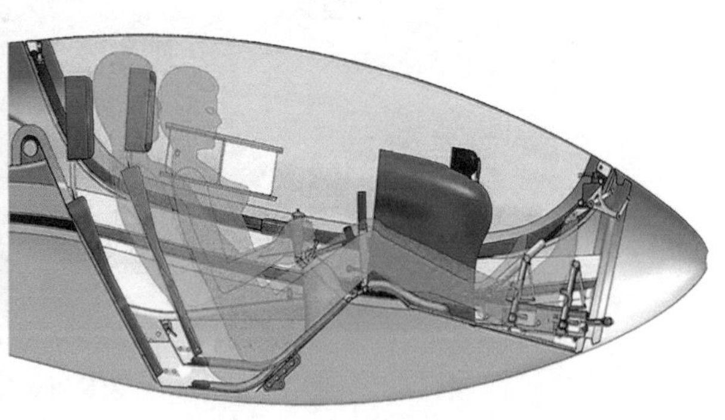

(b)

图 1–8　数字人进行模拟试验分析

早在2003年2月，原第一军医大学就完成了国内首例女虚拟人的数据采集，获得了8556个人体切片资料。之后，我国又顺利完成了“中国虚拟人男性1号”的切削，得到9215个整体人切片资料。

目前，我国专业的研究机构已完成了两男、一女和一女婴4个整体人数据集。其中数据最集中、最精细的是“男1号”，照片分辨率达到2200万像素。

中国人体数据集的构建，对激活“中国数字化虚拟人”研究工作意义重大。因为与中国人相比，国外人体模型存在着明显的人种差异，不能替代中华民族的体质特征。我国虚拟人数据库的建立，在传统医学、现代医学、工业设计、人体仿真、航天航空等领域都有广泛的应用价值。

5. 计算机仿真法

由于人机系统中的操作者是具有主观意志的生命体，用传统的物理模拟和模型方法研究人机系统，往往不能完全反映系统中生命体的特征，其结果与实际相比必有一定误差。另外，现代人机系统越来越复杂，采用物理模拟和模型方法研究复杂人机系统，不仅成本高、周期长，而且模拟和模型装置一经定型，就很难做修改变动。为此，一些更为理想而有效的方法逐渐被研究创建出来并得以推广，其中的计算机数值仿真法已成为人机工程学研究的一种现代方法。

数值仿真是在计算机上利用系统的数学模型进行仿真性实验研究。研究者可以对尚处于设计阶段的未来系统进行仿真，并就系统中的人、机、环境三要素的功能特点及其相互间的协调性进行分析，从而预知所设计产品的性能，并进行设计改进，如图1–9所示。

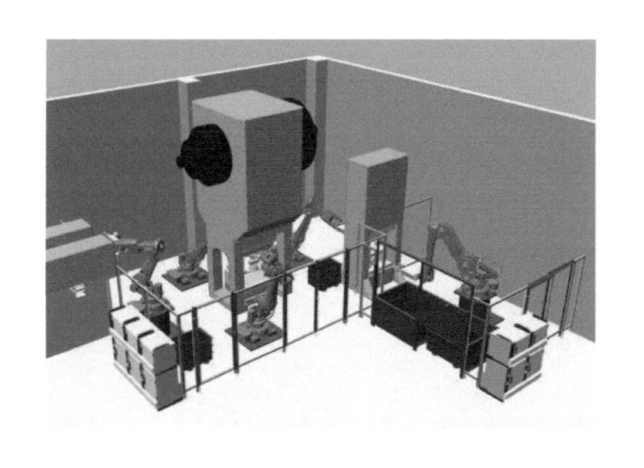

(a)

(b)

图1–9　计算机模拟试验分析

6. 调查研究法

人机工程学专家还采用各种调查研究方法来抽样分析操作者或使用者的意见和建议。这种方法包括简单的访问、特定的调查，非常精细的评分、心理和生理学分析判断，以及间接意见与建议分析等，如图1–10所示。

潮流一族 消费理念

数码和电子产品的拥簇，属于数字化新生一代。为了彰显个性，产品的外观和特性成为首要关注点，质量和价格在其次。

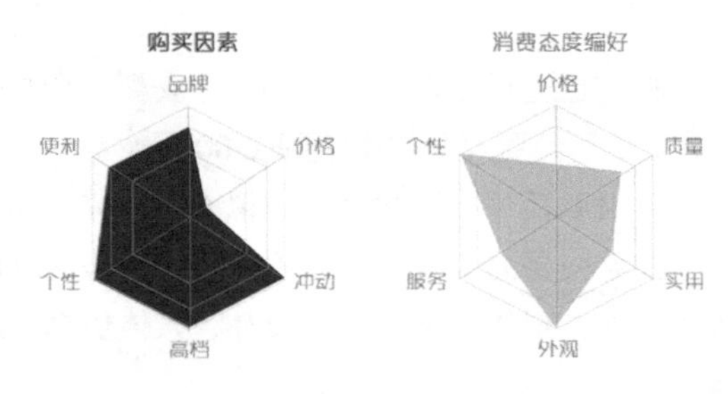

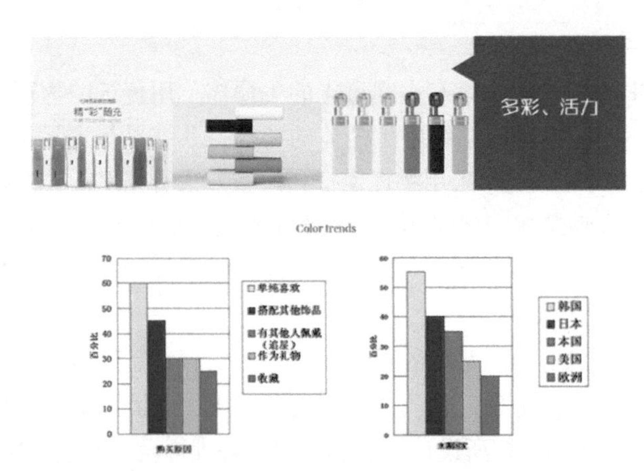

图 1–10 调查研究问卷及图表

1.3 人机工程学的应用领域

在工业生产中，人机工程学首先应用于产品设计。如提高产品的操作性能、舒适性及安全性等，以及改善生产场所的环境、作业方式；为工作进程进行合理的安排；为防止人为差错而设计安全保障系统，等等。这都是人机工程学所要研究的课题，如图 1–11 ~ 图 1–14 所示。

图 1–11 人机工程学在产品设计领域的应用

图 1–12 人机工程学在室内环境设计领域的应用

图 1-13　人机工程学在包装领域的应用

图 1-14　人机工程学在服装以及展示设计领域的应用

1.4 人机工程学的重要性

从工业设计这一角度而言，大到航天系统、现代化的工厂、机械设备，小至与人们的衣、食、住、行息息相关的生活用品等，一切为人类各种生产与生活所创造的“物”，在设计和制造时，都无一例外地要把“人的因素”作为一个重要条件来考虑。故此，研究和应用人机工程学的原理和方法，已成为工业设计者的必修课之一。

天津《城市快报》曾经报道，中国的航天飞船“神六”中的减震坐垫设计，就运用了人机工程学的研究成果和方法。这个减震坐垫是为了保证航天员的颈椎、腰椎的安全而设计的。在设计这个坐垫时，设计人员采集了每个航天员身上的众多的数据点，在计算机中构成了一个精确的数字化身体模型，然后根据这个模型为每个航天员量身定制坐垫。航天飞船在升空和降落时会产生严重的颠簸，航天员此时就会采取上身平躺，双腿绻曲的姿势，坐进这个坐垫中，即使飞船下落速度高出预计的七八倍，这个坐垫仍可以保证航天员的身体不受损伤，如图 1-15 所示。

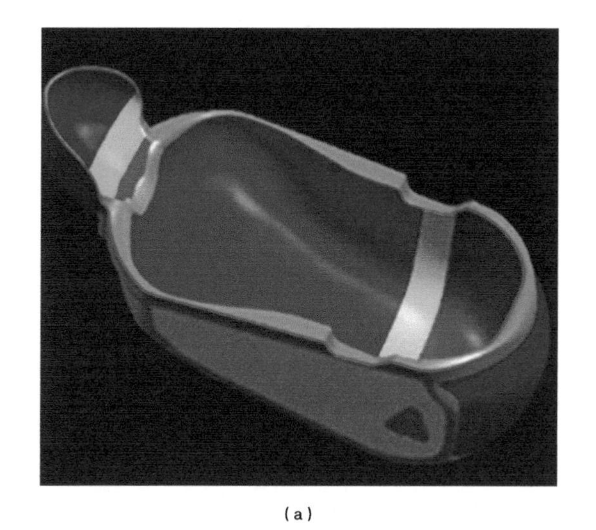

(a)

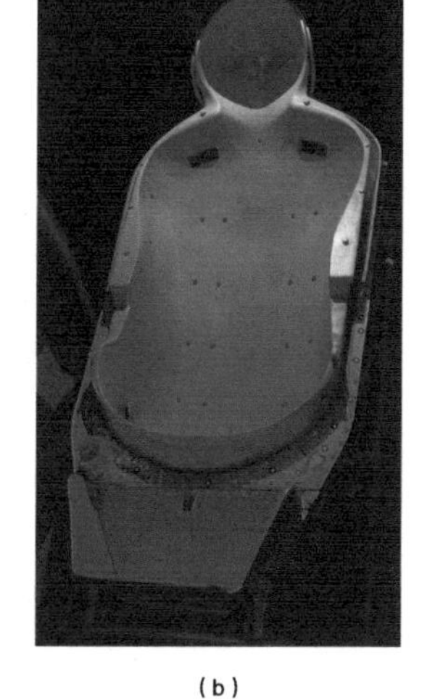

(b)

图 1-15　中国的航天飞船“神六”中的减震坐垫设计

由此可见，人机工程学学科知识对工业设计是如此的重要。因此，学习和研究人机工程学，对工业设计的作用是十分重要的。

1.5 本章总结

通过本章对人机工程学基础知识的阐述，能够让我们对人机工程学的概念、定义、名称、发展脉络以及人机工程学和设计学科的关系等知识有了一个初步的理解，我们要明确人机工程学的学习任务与重要性。

总之，为人类各种生产与生活创造的一切产品，都要把“人”的因素作为一个重要考量标准，在设计产品时更多的要关注人—物—环境之间密不可分的关系。在产品设计的每一个环节都必须进行人机工程学设计，以保证产品使用功能得以发挥。

1.6 本章思考与练习

1. 人机工程学学科的命名是什么？
2. 人机工程学学科的定义是什么？
3. 简述人机工程学的发展历程。
4. 简述我国人机工程学研究与发展现状。
5. 人机工程学研究的内容与方法是什么？
6. 人机工程学应用在哪些领域？
7. 举例说明人机工程学的重要性。

第 2 章 人体比例与尺度

人体尺度测量与比例是人机工程学课程体系中的一个重要知识。主要是通过对人体的整体测量和局部测量来研究人体类型、特征、尺度、比例和发展变化的规律。通过对人体测量，提供人的肢体所能发挥的力量大小、肌肉关节等活动限度、人体静态和动态尺寸的数据和资料，为人机系统设备的设计和空间布置提供科学依据。

因此，通过对人体尺寸的测量和比例的研究，我们可以为产品设计、工作场所和动作类型等提出设计原则和标准，以便充分地利用空间，使在人操作时舒适省力，并具有准确性与安全性。本章我们将具体讲解人机工程学中人体测量与比例的知识。

2.1 人体测量

2.1.1 人体测量的意义

为了使各种与人体尺度有关的设计对象能符合人的生理特点，让人在使用设计物时处于舒适的状态和适宜的环境之中，工业设计的从业者就必须在工业设计实践中充分考虑人体的各种尺度，因而也就要了解一些人体测量学方面的基本知识，并熟悉有关设计所必需的人体测量基本数据的性质和使用条件。

人体测量学是通过测量人体各部位尺寸，来确定人类个体之间和群体之间在人体尺寸上的差别，研究人的形态特征，从而为工业设计和工程设计提供人体测量数据和标准的学科。

2.1.2 影响人体尺寸的因素

人体随着年龄增长会发生变化。性别、种族、职业、地理环境的不同以及文化背景、营养成分、食物种类乃至起居习惯的不同都会影响人体的发育及尺寸。因此我们要对不同背景下的群体及个体进行细致的测量和分析才能得到他们的特征尺寸，进而得出人体的差异和人体尺寸的分布规律。

年龄是对身高有明显影响的因素，男子青少年生长顶峰后期大约在 20 岁，女子则要早几年生长成熟；到壮年后，无论男女，实际上身高都要随年龄增长而递减。

社会经济因素对人体高度也有明显影响，良好的营养和生活环境有助于人体的生长；反之则会影响人体的正常发育。

不同时代的人有不同的平均身高，一般来说，当代年轻人的身高比上一代要高。有人对意大利人 300 年来体质变化进行研究，发现身高基本上是呈线性增加的。我国华东地区的人，在 20 世纪 50 年代平均身高为 164.5cm，到 1980 年测得上海籍大学新生平均身高已达 170.5cm。

人体数据及标准的变化会引起广泛的问题，曾有报道：德国某航空公司因乘客体重增加而多消耗 10%的燃料；日本小学生的课桌椅太小，不适合现代儿童使用；甚至还有关于药片重量应按现代人高度和体重增加的情况进行修改。

随着世界市场的形成和交通的进一步便利，旅游等国际交流活动日渐活跃，不同民族和种族使用同一样产品的比例将越来越大。我国进入“WTO”以后，无论出口产品的数量还是种类都大幅度地增加。因此，我们在进行产品设计时，也要考虑国外用户对工业产品适用性的要求。

2.1.3 人体测量的数据种类

人机工程学范围内的人体形态测量数据主要有两类，即人体构造尺寸和功能尺寸。人体构造上的尺寸是指静态尺寸；人体功能上的尺寸是指动态尺寸，其中包括人在工作姿势下或在某种操作活动状态下测量的尺寸。

工业设计中所有涉及人体尺度参数的，都需要应用大量人体构造和功能尺寸的测量数据。在设计实践中若不能很好地考虑这些人体数据，就很可能造成操作上的困难，或不能充分发挥人机系统效率。因此人体测量参数对各种与人体尺度有关的设计对象具有重要的意义。

2.1.4 人体测量的主要仪器

在人体尺寸参数的测量中，采用的人体测量仪器有人体测高仪、人体测量用直脚规、人体测量用弯脚规、人体测量用三脚平行规、坐高椅、量足仪、角度计、软卷尺以及医用秤等。我国对人体尺寸测量专用仪器已制定了标准，而通用的人体测量仪器可采用一般人体生理测量的有关仪器。

2.1.5 人体测量的主要数据来源

在获取相关尺寸时，由于测量时要有一定的穿戴条件，又因缺乏经过技术培训的测量人员，所以一般来说要想取得代表一个国家的普遍测量资料是比较困难的。一些已有的资料，部分是从军队中得来的，原因很明显，军队中测量人体尺寸比较标准，而且可以结合军队本身的需要，例如部队要制作各军、兵种的军便服等军需品和武器装备，比如飞机、战车等，制作这些军需品需要相关的数据。在政府的支持下，军队可以进行这项调查工作。这种数据的获得相对容易。在军队的环境下，每间隔几年就可以进行一次测量。但是这样的测量本身有一些不足，比如年龄和性别的局限性较大。即便是卫生、教育、福利等部门对普通人的测量和调查数据也不可能绝对的准确和全面，因此我们在使用这些数据时也应有选择和分析。

2.1.6 人体测量中的主要统计函数

由于群体中个体与个体之间存在着差异，一般来说，某一个体的测量尺寸不能作为设计的依据。为使产品适合于一个群体使用，设计中需要的是对这个群体的测量尺寸，然而，全面测量群体中每个个体的尺寸又是不现实的。所以在通常情况下，采用测量群体中较少量个体的尺寸的方法，再经数据处理后获得较为精确的所需群体尺寸。

2.1.7 关于百分点

大部分人体测量数据是按百分点来表达的，即把研究对象分成 100 份，根据一些特定的人体尺寸条件，从最小到最大进行分段。例如：第 1 百分点的身高尺寸表示 99%的研究对象的身高尺寸。同样，第 95 百分点的身高尺寸则表示仅有 5%的研究对象具有比该数值更高的高度；而 95%的研究对象则具有同样的或更低的高度。总之，百分点表示具有某一人体尺寸和小于该尺寸的人占统计对象总人数的百分数。当采用百分点的数据时，有两点要特别注意。

（1）人体测量当中的每一个百分点数值，只表示某一项人体尺寸。例如身高或坐高。

（2）没有一个各种人体尺寸都同时处在同一百分点上的人。

2.1.8 “平均人”的谬误

第 50 百分点的数值可以说已经相当接近于某一组人体尺寸的平均值，但绝不能误解为有“平均人”这样一个人体尺寸。

选择数据时，如果以为第 50 百分点数值代表了平均人的尺寸，那就大错而特错了。这里不存在什么“平均人”，第 50 百分点只是说明所选择的某一项人体尺寸有 50%的人适用。因此，按照设计的性质，通常选用第 95%（95 百分点）和第 5%（5 百分点）的数值，才能满足绝大多数使用者。

统计学表明：任意一组特定对象的人体尺寸分布均符合正态分布规律，即大部分属于中间值，只有一小部分属于过大值和过小值，它们分布在范围的两端。设计上满足所有人的要求是不太可能的，但必须满足大多数人。所以必须从中间部分取用能够满足大多数人的尺寸数据作为设计参考依据。因此，一般都是舍去两头的极大值和极小值，而涉及 90% ~ 95%的人。

2.2 常用人体测量资料

2.2.1 我国成年人人体尺寸国家标准

该标准根据人机工程学要求提供了我国成年人人体尺寸的基础数据，它适用于工业设计、建筑设计、军事工业及工程技术改造、设备更新、劳动安全保护等。

成年人的人体构造尺寸如下。

（1）人体主要尺寸。包括身高、体重、上臂长、前臂长、大腿长、小腿长等数据，如表 2-1 所示。

表 2-1　人体主要尺寸

测量项目 \ 年龄分组 / 百分位数	男（18 ～ 60 岁）							女（18 ～ 55 岁）						
	1	5	10	50	90	95	99	1	5	10	50	90	95	99
身高	1543	1583	1604	1678	1754	1775	1814	1449	1484	1503	1570	1640	1659	1697
体重（kg）	44	48	50	59	70	75	83	39	42	44	52	63	66	71
上臂长	279	289	294	313	333	338	349	252	262	267	284	303	302	319
前臂长	206	216	220	237	253	258	268	185	193	198	213	229	234	242
大腿长	413	428	436	465	496	505	523	387	402	410	438	467	476	494
小腿长	324	338	344	369	396	403	419	300	313	319	344	370	375	390

（2）立姿。人体尺寸标准中的成年人立姿人体尺寸有眼高、肩高、肘高、手功能高、会阴高、胫骨点高等主要尺寸数据。

（3）坐姿。人体尺寸标准中的成年人坐姿人体尺寸包括坐高、坐姿颈椎点高、坐姿眼高、坐姿肩高、坐姿肘高、坐姿大腿厚、坐姿膝高、小腿加足高、坐深、臀膝距、坐姿下肢长等主要尺寸数据。

（4）人体水平尺寸。人体尺寸标准中成年人人体水平尺寸包括胸宽、胸厚、肩宽、臀宽、坐姿臀宽、坐姿两肘间宽、胸围、腰围、臀围等主要尺寸数据。

（5）各地区人体尺寸的均值和标准差。我国是一个地域辽阔的多民族国家，不同地区间人体尺寸差异较大。因此，我国成年人人体测量工作，从人类学的角度，并根据我国征兵体检等局部人体测量资料划分的区域，将全国成年人人体尺寸分布划分为以下 6 个区域。

①东北、华北区——包括黑龙江、吉林、辽宁、山东、河北、山西、北京、天津等地。

②西北区——包括新疆、甘肃、青海、陕西、宁夏、河南等地。

③东南区——包括安徽、江苏、浙江、上海等地。

④华中区——包括湖南、湖北、江西等地。

⑤华南区——包括广东、广西、福建等地。

⑥西南区——包括贵州、四川、云南、重庆、西藏等地。

为了能方便准确地选用合乎某个地区的人体尺寸，该标准中还提供了上述 6 个区域成年人人体重、身高、胸围 3 项主要人体尺寸的均值和标准差值，如表 2-2 所示。

在进行全国成年人人体尺寸抽样测量工作前，港澳台地区已经为各种设计提供了较完整的成年人人体尺寸，因此上述标准所划分的分布区域未包括港澳台地区。

表 2-2 我国 6 个区域身高、胸围、体重的均值 $\bar{x}$ 及标准差 S_D

（单位：mm）

项目		东北、华北区		西北区		东南区		华中区		华南区		西南区	
		均值 $\bar{x}$	标准差 S_D	均值 $\bar{x}$	标准差 S_D	均值 $\bar{x}$	标准差 S_D	均值 $\bar{x}$	标准差 S_D	均值 $\bar{x}$	标准差 S_D	均值 $\bar{x}$	标准差 S_D
男（18～60 岁）	体重（kg）	64	8.2	60	7.6	59	7.7	57	6.9	56	6.9	55	6.8
	身高	1693	56.6	1684	53.7	1686	55.2	1669	56.3	1650	57.1	1647	56.7
	胸围	888	55.5	880	51.5	865	52.0	853	49.2	851	48.9	855	48.3
女（18～55 岁）	体重（kg）	55	7.7	52	7.1	51	7.2	50	6.8	49	6.5	50	6.9
	身高	1586	51.8	1575	51.9	1575	50.8	1560	50.7	1549	49.7	1546	53.9
	胸围	848	66.4	837	55.9	831	59.8	820	55.8	819	57.6	809	58.8

2.2.2 成年人的人体功能尺寸

人在从事各种工作时都需要有足够的活动空间。工作位置上的活动空间设计与人体功能尺寸密切相关。由于活动空间应尽可能适合绝大多数人的使用。设计时应以高百分位人体尺寸为依据，所以，成年人的人体功能尺寸均以我国成年男子第 95 百分位身高（1775mm）为基准。

人们在工作中常取站、坐、跪、卧、仰等作业姿势，现从各个角度对其活动空间进行分析说明，并给出人体尺度图。

（1）立姿的活动空间（示意图）：立姿时人的活动空间不仅取决于身体的尺寸，而且也取决于保持身体平衡的微小平衡动作和肌肉松弛的脚站立的平面不变时，为保持平衡必须限制上身和手臂能达到的活动空间，如图 2-1 所示。

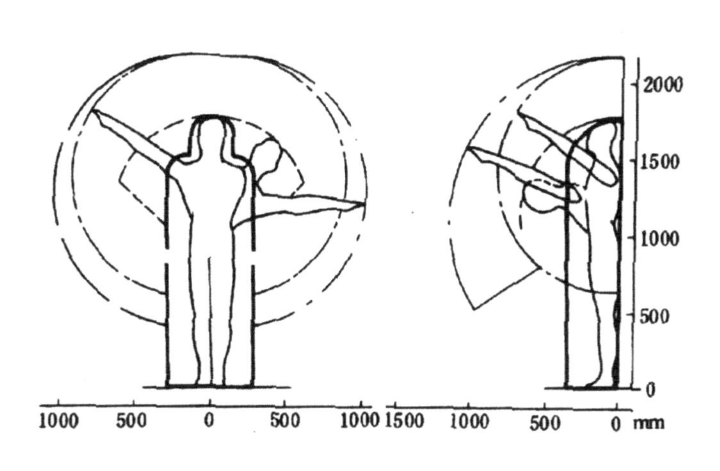

图 2-1 人体立姿活动空间示意

（2）坐姿的活动空间（示意图）：根据立姿活动空间的条件，给出坐姿活动空间的人体尺度，如图 2-2 所示。

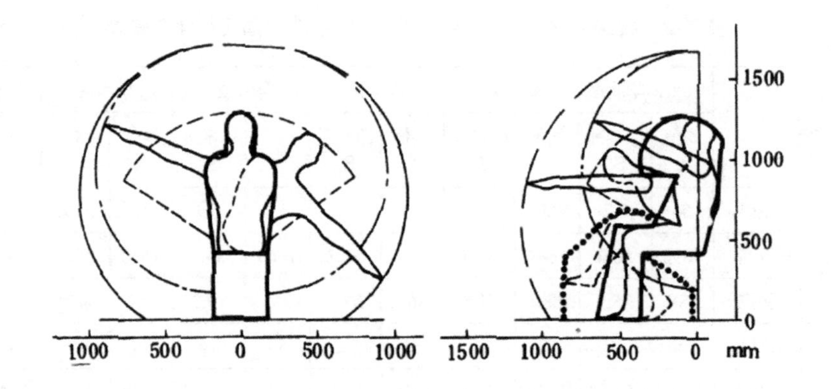

图 2–2　人体坐姿活动空间示意

（3）单腿跪姿的活动空间（示意图）：根据立姿活动空间的条件，给出单腿跪姿活动空间的人体尺度。取跪姿时，承重膝常更换。由一膝换到另一膝时，为确保上身平衡，要求活动空间比基本位置大，如图 2–3 所示。

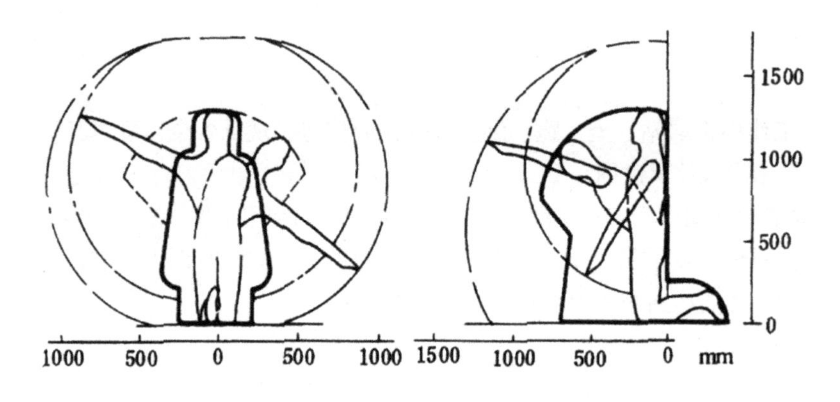

图 2–3　人体单腿跪姿的活动空间示意

（4）仰卧的活动空间（示意图）：仰卧活动空间的人体尺度，如图 2–4 所示。

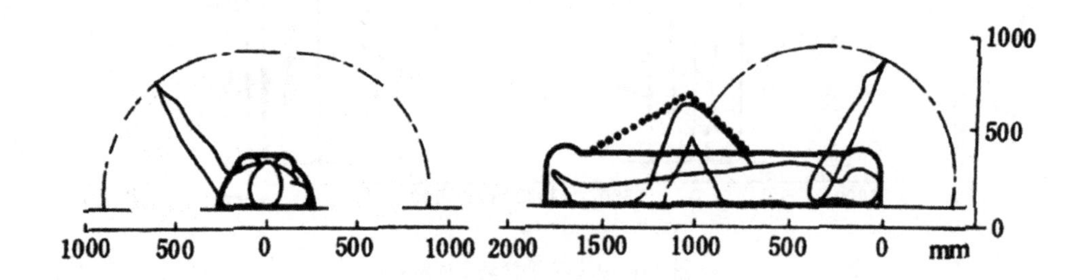

图 2–4　人体仰卧活动空间示意

这些常用的立、坐、跪、卧等作业姿势活动空间的人体尺度，可满足人体一般作业空间设计的需要。但对于受限作业空间的设计，则需要应用各种作业姿势下人体功能尺寸测量数据，使用时应增加修正余量。

2.3 人体测量数据的应用

只有在熟悉人体测量基本知识之后，才能合理选择和应用各种人体数据，否则有的数据可能被误解，如果使用不当，还可能导致严重的设计错误。另外，各种统计数据不能作为设计中的一般常识，也不能代替严谨的设计分析。因此，当设计中涉及人体尺度时，设计者必须熟悉数据测量的定义、适用条件、百分位的选择等方面的知识，才能正确应用有关的数据。

2.3.1 主要人体尺寸的应用原则

为了使人体测量数据有效地为设计者所利用，这里精选出部分工业设计中常用的数据百分位，并将这些数据的定义、应用条件、选择依据等列于表 2–3 中，仅供读者参考。

表 2–3　主要人体尺寸的应用原则

人体尺寸	应用条件	百分位选择	注意事项
身高	用于确定通道和门的最小高度然而，一般建筑规范规定的和成批生产制作的门和门框高度都适用于 99% 以上的人，所以，这些数据可能对于确定人头顶上的障碍物高度更为重要	由于主要的功用是确定净空高度，所以应该选用高百分位数据。设计者应考虑尽可能地适应 100% 的人	身高一般是不穿鞋测量的，故在使用时应给予适当补偿
立姿眼高	可用于确定在剧院、礼堂、会议室等处人的视线；用于布置广告和其他展品；用于确定屏风和开敞式大办公室内隔断的高度	百分位选择将取决于关键因素的变化。如果设计中的问题是决定隔断或屏风的高度，以保证隔断后面人的私密性要求，那么隔断高度就与较高人的眼睛高度有关（第 95 百分点或更高）。其逻辑是假如高个子人不能越过隔断看过去，那么矮个子人也一定不能。反之，假如设计问题是允许人看到隔断里面，则逻辑是相反的，隔断高度应考虑较矮人的眼睛高度（第 5 百分位或更低）	由于这个尺寸是光脚测量的，所以还要加上鞋的高度，男子大约需加 2.5cm，女子大约需加 7.6cm。这些数据应该以脖子的弯曲和旋转以及视线角度的资料相结合使用，以确定不同状态、不同头部角度的视觉范围

续表

人体尺寸	应用条件	百分位选择	注意事项
肘部高度	对于确定柜台、梳妆台、厨房案台、工作台以及其他站着使用的工作表面的舒适高度，肘部高度数据是必不可少的。通常，这些表面的高度都是凭经验估计或是根据传统做法确定的。然而，通过科学研究发现，最舒适的高度是低于人的肘部高度7.6cm。另外，休息平面的高度应该低于肘部高度2.5~3.8cm	假定工作面高度确定为低于肘部高度给7.6cm，那么从96.5cm（第5百分位数据）到111.8cm（第95百分位数据）这样一个范围都将适合中间的90%的男性使用者。考虑到第5百分位的女性肘部高度较低，这个范围应该是88.9 ~ 111.8cm，才能对男女使用者都适用。由于其中包含许多其他因素，如存在特别的功能要求，和每个人对舒适高度见解不同等，所以这些数据在使用过程中，会有适当调整	确定上述高度时必须考虑活动的性质，有时这一点比推荐的“低于肘部高度7.6cm”还重要
挺直坐高 放松坐高	用于确定座椅上方障碍物的允许高度。在布置双层床时、做节约空间的设计时、利用阁楼下面的空间吃饭或工作时，都要由这个关键的尺寸来确定其高度。确定办公室或其他场所的低隔断要用到这个尺寸，确定餐厅和酒吧里的火车座位隔断数据也要用到这个尺寸	由于涉及间距问题，采用第95百分点的数据是比较合适的	座椅的倾斜、座椅软垫的弹性、衣服的厚度以及人坐下和站起来时的活动都是要考虑的重要因素
坐姿眼高	当视线是设计问题的中心时，确定视线和最佳视区要用到这个尺寸，这类设计对象包括剧院、礼堂、教室和其他需要有良好视听条件的室内空间	假如有适当的可调节性，就能适应从第5百分点到第95百分点或者更大的范围	应该考虑人的头部与眼睛的转动范围、座椅软垫的弹性、座椅面距地面的高度和可调座椅的调节范围
坐姿的肩中部高度	大多数用于机动车辆中比较紧张的工作空间的设计，很少被建筑师和室内设计师所使用。但是，在设计对视觉、听觉有要求的空间时，这个尺寸有助于确定妨碍视线的障碍物，例如在确定火车座的高度以及类似的设计中有用	由于涉及间距问题，一般使用第95百分点的数据	要考虑座椅软垫的弹性

续表

人体尺寸	应用条件	百分位选择	注意事项
肩宽	肩宽数据可用于确定环绕桌子的座椅间距和影剧院、礼堂中的排椅座位间距，也可用于确定公用和专用空间的通道间距	由于涉及间距问题，应使用第 95 百分点的数据	使用这些数据要注意可能涉及的变化。要考虑衣服的厚度，对薄衣服要附加 0.79cm，对厚衣服要附加 7.6cm。还要注意，由于躯干和肩的活动，两肩之间所需的空间会加大
两肘之间宽度	可用于确定会议桌、餐桌、柜台和牌桌周围座椅的位置		应该与肩宽尺寸结合使用
臀部宽度	这些数据对于确定座椅内侧尺寸和设计酒吧、柜台和办公座椅极为有用		根据具体条件，与两肘之间宽度和肩宽结合使用
肘部平放高度	与其他相关数据和考虑因素联系在一起，用于确定椅子扶手、工作台、书桌、餐桌和其他特殊设备的高度	肘部平放高度既不涉及间距问题也不涉及单手够物的问题，其目的只是能使手臂得到舒适的休息。选择第 50 百分点左右的数据是合理的。在许多情况下，这个高度为 14~27.9cm，这个范围适合大部分使用者	座椅软垫的弹性、座椅表面的倾斜以及身体姿势都应予以注意
大腿厚度	是设计柜台、书桌、会议桌、家具及其他室内设备的关键尺寸，而这些设备都需要把腿放在工作面以下。特别是有直拉式抽屉的工作面，要使大腿与大腿上方的障碍物之间有适当的间隙，这些数据是必不可少的	由于涉及间距问题，应选用第 95 百分点的数据	在确定上述设备的尺寸时，其他相关因素也应该同时予以考虑，例如腿弯高度和座椅软垫的弹性
膝盖高度	这是确定从地面到书桌、餐桌和柜台底面距离的关键尺寸，尤其适用于使用者需要把大腿部分放在家具下面的场合。坐着的人与家具底面之间的靠近程度，决定了膝盖高度和大腿厚度是否是关键尺寸		要同时考虑座椅高度和座垫的弹性

续表

人体尺寸	应用条件	百分位选择	注意事项
腿弯高度	是确定座椅面高度的关键尺寸，尤其对于确定座椅前缘的最大高度更为重要	若要确定座椅高度，应选用第 5 百分点的数据，因为如果座椅太高，大腿受到压力会使人感到不舒服。例如，一个座椅高度能适应小个子的人，也就能适应大个子的人	选用这些数据时必须注意座垫的弹性
臀部至腿弯长度	这个长度尺寸用于座椅的设计中，尤其适用于确定腿的位置、确定长凳和靠背椅等前面的垂直面以及确定椅面的长度	应该选用第 5 百分点的数据，这样能适应最多的使用者，即臀部至膝盖长度较长和较短的人。如果选用第 95 百分点的数据，则只能适合这个长度较长的人，而不适合这个长度较短的人	要考虑椅面的倾斜度
臀部至膝盖长度	用于确定椅背到膝盖前方的障碍物之间的适当距离。例如，用于影剧院、礼堂和教堂等的固定排椅设计中	由于涉及间距问题，应选用第 95 百分点的数据	这个长度比臀部至足尖长度要短，如果座椅前面的家具或其他室内设施没有放脚的空间，就应该使用臀部至足尖长度
臀部至足尖长度			如果座椅前方的家具或其他室内设施有放脚的空间，而且间隔要求比较重要，就可以使用臀部膝盖长度来确定合适的间距
臀部至脚后跟长度	对于室内设计人员来说，使用是有限的，当然也可以利用它们布置休息座椅。另外，还可用于设计搁脚凳、理疗和健身设施等综合空间	由于涉及间距问题，应选用第 95 百分点的数据	在设计中，应该考虑鞋、袜对这个尺寸的影响。一般来说，对于男鞋要加上 2.5cm，对于女鞋则加上 7.6cm
坐姿垂直伸手高度	主要用于确定头顶上方的控制装置和开关等的位置，所以较多地被工业设备专业的设计人员所使用	选用第 5 百分点的数据是合理的，这样可以同时适应小个子的人和大个子的人	要考虑椅面的倾斜度和椅垫的弹性

续表

人体尺寸	应用条件	百分位选择	注意事项
立姿垂直手握高度	可用于确定开关、控制器、拉杆、把手、书架以及衣帽架等的最大高度	由于涉及伸手够东西的问题，如果采用高百分点的数据就不能适应小个子的人，所以设计出发点应该基于适应小个子人，这样也同样能适应大个子的人	尺寸是不穿鞋测量的，使用时要给予适当的补偿
立姿侧向手握距离	有助于设备设计人员确定控制开关等装置的位置，还可以被建筑师和室内设计师用于某些特定的场所，例如医院，实验室等。如果使用者是坐着的，这个尺寸可能会稍有变化，但仍能用于确定人侧面的书架位置	由于主要的功用是确定手握距离，这个距离应能适应大多数人，因此，选用第 5 百分点的数据是合理的	如果涉及的活动需要使用专门的手动装置、手套或其他某种特殊设备，这些都会延长使用者的一般手握距离，这个延长量应予以考虑
手臂平伸手握距离	有时人们需要越过某种障碍物去够一个物体或者操纵设备，这些数据可用来确定障碍物的最大尺寸。例如，在工作台上方安装搁板或在办公室工作桌前面的低隔断上安装小柜	选用第 5 百分点的数据，这样能适应大多数人	要考虑操作或工作的特点
人体最大厚度	尽管这个尺寸可能对设备设计人员更为有用，但它们也有助于建筑师在较紧张的空间里考虑间隙或在人们需要排队的场合下设计所需要的空间	应该选用第 95 百分点的数据	衣服的厚薄、使用者的性别以及一些不易察觉的因素都应予以考虑
人体最大宽度	可用于设计通道宽度、走廊宽度、门和出入口宽度以及公共集合场所等	应该选用第 95 百分点的数据	衣服的薄厚、人行走或做其他事情时动作的影响以及一些不易察觉的因素都应予以考虑

2.3.2 人体尺寸的应用方法

1. 确定所设计产品的类型

在涉及人体尺寸的产品设计中,设定产品功能尺寸的主要依据是人体尺寸的百分点数,而人体尺寸百分点数的选用又与所设计产品的类型密切相关。依据产品使用者人体尺寸的设计上限值(最大值)和下限值(最小值)对产品尺寸设计进行了分类,凡涉及人体尺寸的产品设计,首先应按该分类方法确认所设计的对象是属于其中的哪一类型,如表2-4所示。

表 2-4 产品设计尺寸与产品类型定义

产品类型	产品类型定义	说明
Ⅰ型产品尺寸设计	需要两个人机尺寸百分点数作为尺寸上限值和下限值的依据	又称双限值设计
Ⅱ型产品尺寸设计	只需要一个人机尺寸百分点数作为尺寸上限值或下限值的依据	又称单限值设计
Ⅱ A 型产品尺寸设计	只需要一个人机尺寸百分点数作为尺寸上限值的依据	又称大尺寸设计
Ⅱ B 型产品尺寸设计	只需要一个人机尺寸百分点数作为尺寸下限值的依据	又称小尺寸设计
Ⅲ型产品尺寸设计	只需要第 50 百分点数作为产品尺寸设计的依据	又称平均尺寸设计

2. 选择人体尺寸百分点

产品尺寸设计类型按产品的重要程度可分为涉及人的健康与安全的产品和一般工业产品两个等级。在确认所设计的产品类型及其等级之后,选择人体尺寸百分点数的依据被称为满足度。人机工程学设计中的满足度,是指所设计产品在尺寸上能满足多少人使用,通常以适合使用的人数占使用者的百分比来表示,如图 2-5 所示。

表 2-5 中给出的满足度指标是通常选用的指标。特殊要求的设计,其满足度指标可另行确定。设计者当然希望所设计的产品能满足特定使用者总体中所有的人使用,尽管这在技术上是可行的,但在经济上往往是不合理的。因此,满足度的确定应根据所设计产品使用者总体的人体尺寸差异性、制造该类产品技术上的可行性和经济上的合理性等因素进行综合优选。还需要说明的是,在设计时虽然确定了某一满足度指标,但用一种尺寸规格的产品却无法达到这一要求,在这种情况下,可考虑采用产品尺寸系列化和产品尺寸可调节性设计解决,如表 2-5 所示。

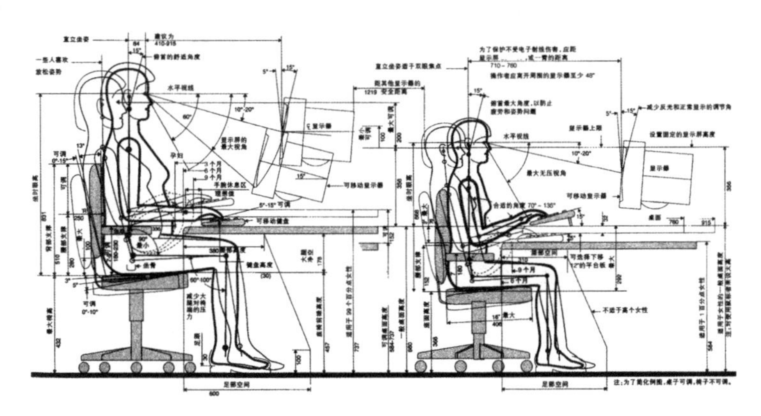

（a）女子工作台坐姿尺寸示意

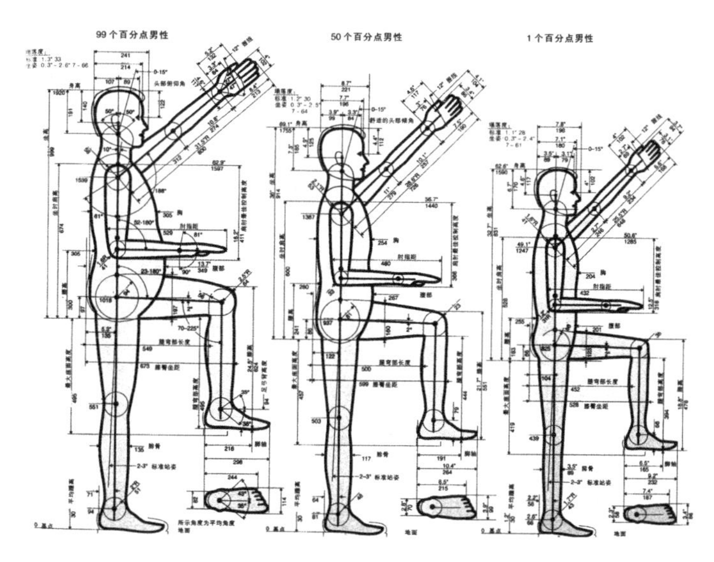

（b）男子立姿尺寸百分点示意

图 2–5　人体主要尺寸详图

表 2–5　产品设计尺寸与百分数的选择

产品类型	产品重要程度	百分位数的选择	满足度
Ⅰ型产品	涉及人的健康、安全的产品 一般工业产品	选用 99% 和 1% 作为尺寸上、下限值的依据 选用 95% 和 5% 作为尺寸上、下限值的依据	98% 90%
Ⅱ A 型产品	涉及人的健康、安全的产品 一般工业产品	选用 99% 和 95% 作为尺寸上限值的依据 选用 90% 作为尺寸上限值的依据	99% 或 95% 90%

续表

产品类型	产品重要程度	百分位数的选择	满足度
Ⅱ B 型产品	涉及人的健康、安全的产品 一般工业产品	选用 1% 和 5% 作为尺寸下限值的依据 选用 10% 作为尺寸下限值的依据	99% 或 95% 90%
Ⅲ型产品	一般工业产品	选用 50% 作为产品尺寸设计的依据	通用
成年男、女通用产品	一般工业产品	选用男性的 99%、95% 或 90% 作为尺寸上限值的依据 选用女性的 1%、5% 或 10% 作为尺寸下限值的依据	通用

3. 确定功能修正量

有关人体尺寸标准中所列的数据是在裸体或穿单薄内衣的条件下测得的，测量时不穿鞋或穿着纸拖鞋。而设计中所涉及的人体尺度应该是在穿衣服、穿鞋甚至戴帽条件下的人体尺寸。因此，考虑有关人体尺寸时，必须给衣服、鞋或帽子留下适当的余量，也就是在人体尺寸上增加适当的着装修正量。

其次，在人体测量时要求躯干为挺直姿势，而人在正常作业时，躯干则为自然放松姿势，为此应考虑由于姿势不同而引起的变化量；此外，还需考虑实现产品不同操作功能所需的修正量。所有这些修正量总称为功能修正量。功能修正量随产品不同而异，通常为正值，但有时也可能为负值。

4. 确定心理修正量

为了克服人们心理上产生的“空间压抑感”和“高度恐惧感”等心理感受，或者为了满足人们“求美”和“求奇”等心理需求，在产品最小功能尺寸上附加一项增量，称为心理修正量。心理修正量也是用实验方法求得，一般是通过被试者主观评价表的评分结果进行统计分析，求得心理修正量。

5. 产品功能尺寸的设定

产品功能尺寸是指为确保实现产品某一功能而在设计时规定的产品尺寸。该尺寸通常是以设计界限值确定的人体尺寸为依据，再加上为确保产品某项功能实现所需的修正量。产品功能尺寸有最小功能尺寸和最佳功能尺寸两种，具体设定的通用公式如下。

（1）最小功能尺寸 = 人机尺寸百分点 + 功能修正量

（2）最佳功能尺寸 = 人机尺寸百分点 + 功能修正量 + 心理修正量

6. 够得着的距离，容得下的间距和可调节性

选择测量数据要考虑设计内容的性质，如果设计要求使用者坐或站着能够得到某处，

那么选择第 5 百分点的数据是适宜的。这个尺寸表示只有 5%的人伸手臂够不到，而 95%的人可以够到，这种选择就是正确的。设计中要考虑通行间距尺寸的，应选用第 95 百分点的数据。例如：设计走廊的高度和宽度时，如能满足大个子的人的需要，也就同时能满足小个子的人的需要。

另外一种情况，就是采取可调节措施。例如，选用可升降的椅子和可调高度的搁板，调节幅度由人体尺寸、工作性质和加工能力所决定。这种调节措施应能使设计物或设计环境满足 90%或更多的人。

这里所举的例子只表明应注重各种人体尺度和特殊百分点的适用范围，而实际设计中应考虑适合越多的人越好。如果一个搁板可以容易地降低 2.5 ~ 5cm 而不影响设计的其他部分和造价的话，那么使之适用于 98%或 99%的人显然是正确的。

2.4 老年人和残疾人的生理特征

一般的人机数据是从 18 ~ 79 岁的人中测量搜集而来，显然范围很大；但专门对老年人和残疾人的各种功能测量却仍然是很缺少的。本节将简要分析老年人和残疾人的生理特征。

2.4.1 老年人的生理特征

世界卫生组织关于人类年龄最新的划分方法是：45 岁以下为青年，45 ~ 59 岁为中年，60 ~ 74 岁为年轻的老人或老年前期，75 ~ 89 岁为老年，90 岁以上为长寿老人。

老年人有如下 8 种身心方面的改变。

（1）消化系统的改变：口腔、牙齿功能减退，咀嚼不充分，有可能阻碍消化；味蕾萎缩，数目减少，导致味觉功能降低；嗅觉、肠道、胆囊功能减弱，肝细胞减少等，故而影响消化。

（2）循环系统的改变：心脏细胞老化萎缩，心脏功能降低，心脏疾病的发生率增加。

（3）呼吸系统的改变：肺容积减少，肺的换气功能和呼吸功能减弱，肺活量下降，导致对外防卫机能减退。

（4）内分泌系统的改变：老年人的各种腺体都随年龄的增加而逐步减小，重量减轻，分泌功能减弱，从而会使老人们的各种代谢频率降低或是减退。

（5）神经系统的改变：大脑逐渐萎缩，脑血管壁增厚，弹性降低，血流减慢，从而容易导致脑组织供血、供氧不足，会发生一些心脑血管疾病。

（6）泌尿系统的改变：肾小球过滤功能下降，膀胱肌肉萎缩，男性前列腺增生肥大，女性尿道钙化导致排尿异常。

（7）生殖系统的改变：女性生殖器官萎缩退化，男性性功能减退。

（8）运动系统的改变：肌肉减少、骨质疏松、骨质增生等会引起疼痛。

2.4.2 残疾人的生理特征

全世界残疾人共有几亿，他们从人机测量的角度上可分为以下两大类，如图 2–6 和图 2–7 所示。

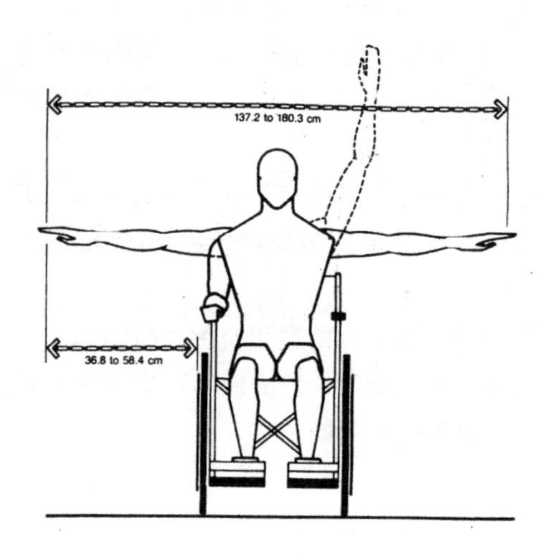

图 2–6　轮椅与人体上肢活动范围正面示意

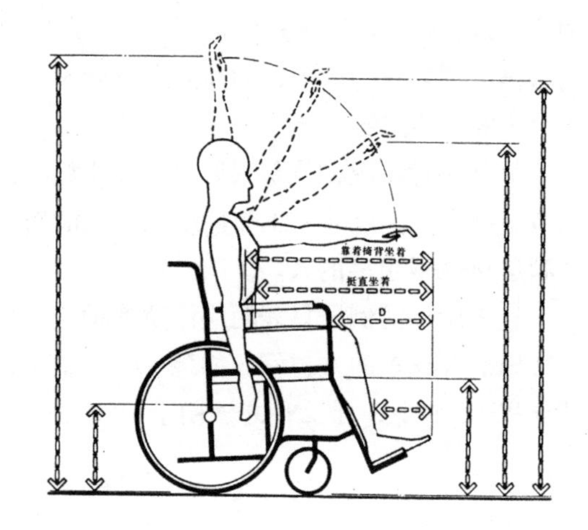

图 2–7　轮椅与人体上肢活动范围侧面示意

（1）不能走动者，或称为乘轮椅患者及卧床者。

（2）能走动的残疾人。对于这些人，我们必须考虑他们借助的工具是拐杖、手杖、助步车、支架还是用动物帮助自理，这些东西是他们身体功能需要的一部分。所以为了做好设计，除应知道一些人机测量数据之外，还应把这些工具当作一个整体来考虑。

2.4.3 为老年人和残疾人设计需要考虑的方面

我们要更加关注残疾人和老年人群体，通过设计手段，改善他们的生活现状。作为工业设计师要从细致入微的角度去剖析残疾人和老年人群体的心理需求和身体状况，积极开发适合残疾人和老年人的产品，如各种生活用品、娱乐产品以及辅助设施等，都需要设计师去用心设计。

此外，在产品外观和产品尺寸上，一定要符合残疾人和老年人的身体特征，例如残疾人多功能轮椅、残疾人助力车等设计，要严格按照残疾人身体特征进行设计，又如为老年人设计休闲鞋，要考虑到老年人腿部关节的骨质退化，鞋底就要设计防滑底面，防止老年人滑倒。为老年人设计相关产品，还要考虑到老年人视力衰减，产品的标识也要醒目些，以便读取信息。总之，我们要真切做到人性化设计，在产品设计以及环境设施的各个方面都要体现无障碍的人性化理念，人性化的最高目标就是对自由、尊敬以及平等的追求，人性化设计也是人机工程学努力去实现的目标。

2.5 本章总结

通过本章内容的学习，我们对人体的比例与尺度基础知识有了全面的认识，大家要牢记 12 个知识点：①人体测量的方法与知识；②影响人体尺寸的因素；③人体测量的数据种类；④人体测量的主要仪器；⑤人体测量中的主要统计函数；⑥百分点的选用；⑦我国成年人人体尺寸国家标准；⑧成年人的人体构造尺寸；⑨成年人的人体功能尺寸；⑩主要人体尺寸的应用原则；⑪所设计产品类型的确定；⑫产品功能尺寸的设定。

本章的内容多为理论及数值应用知识，因此我们要反复阅读并牢记，才能有利于后面章节的深入学习。

2.6 本章思考与练习

1. 简述人体测量的意义。
2. 简述人体测量的方法。
3. 如何理解百分点？举例说明。
4. 如何理解我国成年人人体尺寸国家标准？
5. 我国成年人的人体构造尺寸是如何制定的？举例说明。
6. 简述我国主要人体尺寸的应用原则。
7. 如何确定所设计产品的类型？如何完成产品功能尺寸的设定？举例说明。

第 3 章 人的感觉特征及心理特征

在人机系统中，如果把操作者作为人机系统中的一个“环节”来研究，则人与外界直接发生联系的主要是3个系统，即：感觉系统、神经系统、运动系统。在操作机器的过程中，机器会通过显示装置将信息反馈给人的感觉器官，而经人的中枢神经系统对信息进行处理后，我们会再次指挥运动系统（如手、脚等）操纵机器的控制器，改变机器所处的状态。由此可见，从机器传来的信息，通过人这个“环节”又返回到机器，从而形成一个循环系统。人机所处的外部环境因素（如温度、照明、噪声、震动等），则会不断影响和干扰此系统的效率。显然，要使上述的循环系统有效地运行，就要求人机系统中许多部分要协同发挥作用。

首先是感觉器官，它是操作者感受人机系统信息的特殊区域，也是系统中最早可能产生误差的部位；其次，人机系统的各种信息将随即传入神经，把信息由感觉器官传到大脑——人体“理解”和“决策”的中心；进而，决策指令再由大脑输出，经过神经系统传达到肌肉；这个过程的最后一步，则是人体的各个运动器官按指令执行各种操作动作，即所谓作用过程。对于人机系统中人这个“环节”，除了感知能力、决策能力对系统操作效率有很大影响之外，最终的作用过程可能是对操作者效率的最大限制。

3.1 人的感觉特征

感觉是人脑对直接作用于感觉器官的客观事物个别属性的反映。例如，一只苹果放在人的面前，通过眼睛看，便产生了或红或绿的颜色视觉；摸一下，则产生光滑感的触觉；闻一下，便产生芳香的嗅觉；吃一下，便产生甜滋滋的味觉。由此产生的视觉、触觉、嗅觉、味觉等都属于感觉。另外，感觉还反映人体本身的活动状况。例如，正常的人能感觉到自身的姿势和运动，感觉到内部器官的工作状况，如舒适、疼痛、饥饿等。但是，感觉这种心理现象有时并不反映客观事物的全貌。

感觉是一种最简单而又最基本的心理过程，在人的各种活动过程中起着极其重要的作用。人除了通过感觉分辨外界事物的个别属性和了解自身器官的工作状况外，一切较高级的、较复杂的心理活动，如思维、情绪、意志等都是在感觉的基础上产生的。所以说，感觉是人了解自身状态和认识客观世界的开端。

据现代科学研究表明，甚至连一些植物对光、声、触动等外部刺激也很敏感，同时也有味觉、痛觉等感觉特征。比如西藏雅鲁藏布大峡谷生长的食人树、猪笼草和捕蝇草之类的植物，这类植物平时枝条是任意舒展着的，一旦小动物无意中触及了其中的一根枝条，其他的枝条就会迅速行动起来，把猎物紧紧抓住。同时，枝条会分泌出一种胶状的液体，把猎物慢慢消化掉。图 3–1 所示为捕蝇草，图 3–2 所示为猪笼草。

图 3–1　捕蝇草

图 3–2　猪笼草

3.1.1 适宜刺激

人体的各种感觉器官都有各自最敏感的刺激形式，这种刺激形式称为相应感觉器的适宜刺激。适宜刺激和识别特征如表 3–1 所示。

表 3–1 适宜刺激和识别特征

感觉类型	感觉器官	适宜刺激	刺激来源	识别外界的特征
视觉	眼	一定频率范围的电磁波	外部	形状、大小、位置、远近、色彩、明暗、运动方向等
听觉	耳	一定频率范围的声波	外部	声音的强弱和高低，声源的方向和远近等
嗅觉	鼻	挥发的和飞散的物质	外部	香气、臭气等
味觉	舌	被唾液溶解的物质	接触表面	酸、甜、苦、辣、咸等
皮肤感觉	皮肤及皮下组织	物理和化学物质对皮肤的作用	直接和间接接触	触压觉、温度觉、痛觉等
深部感觉	肌体神经和关节	物质对肌体的作用	外部和内部	撞击、重力、姿势、压力等
平衡感觉	半规管	运动和位置变化	内部和外部	旋转运动、直线运动、摆动等

3.1.2 适应

感觉器官经持续刺激一段时间后，在刺激不变的情况下，感觉会逐渐减小以致消失，这种现象称为“适应”。通常所说的久而不辨其臭，就是嗅觉器官产生适应的典型例子；而久居闹市却对高分贝的噪声充耳不闻的现象，也是听觉器官产生适应的例子之一。

3.1.3 相互作用

在一定的条件下，各种感觉器官对其适宜刺激的感受能力都将受到其他刺激的干扰影响而降低，由此使感受性发生变化的现象称为感觉的相互作用。此外，味觉、嗅觉、平衡觉等都会受其他感觉刺激的影响而发生不同程度的变化。利用感觉相互作用规律来改善劳动环境和劳动条件，以适应操作者的主观状态，对提高生产率和舒适性具有积极的作用。因此，对感觉相互作用的研究在人机工程学设计中具有重要意义。

3.1.4 对比

同一感受器官接受两种完全不同但属同一类的刺激物的作用，而使感受性发生变化的现象称为对比。几种刺激物同时作用于同一感受器官时产生的对比称为同时对比。例如，同样一个灰色的图形，在白色的背景上看起来显得颜色重一些，在黑色背景上则显得颜色浅一些，这是无彩色对比。而灰色图形放在红色背景上呈绿色；放在绿色背景上则呈红色，这种图形在彩色背景上而产生向背景的补色方向变化的现象叫彩色对比，如图 3–3 所示。

3.1.5 余觉

刺激取消以后，感觉还可以存在极短的时间，这种现象叫“余觉”。例如，在暗室里急速转动一根燃烧着的火柴，可以看到一圈火花，这就是由许多火点留下的余觉组成的。图 3–4 所示为余觉现象。

图 3–3　彩色对比

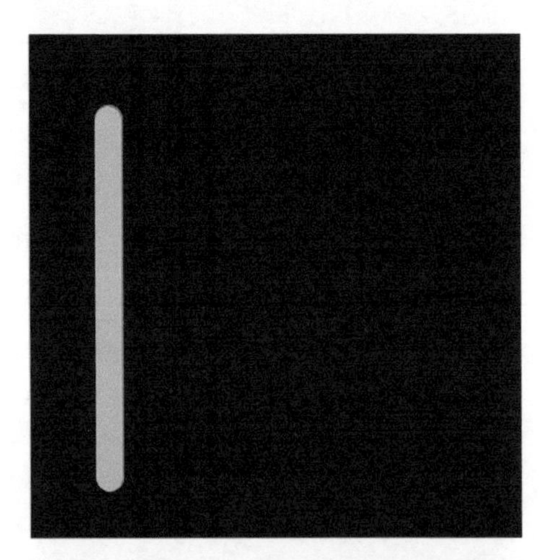

图 3–4　余觉

3.2 人的知觉特征

知觉是人脑对直接作用于感觉器官的客观事物和主观状况整体的反映。人脑中产生的具体事物的印象总是由各种感觉综合而成的。没有反映个别属性的感觉，也就不可能有反映事物整体的知觉。所以，知觉是在感觉的基础上产生的。感觉到的事物个别属性越丰富、越精确，对事物的知觉也就越完整、越正确。

虽然感觉和知觉都是客观事物直接作用于感觉器官而在大脑中产生对所作用事物的反映，但感觉和知觉又是有区别的，感觉反映客观事物的个别属性，而知觉反映客观事物的整体情况。以人的听觉为例，知觉反映的是一段曲子，一首歌或一种语言；而感觉所反映的只是一个个高高低低的音调。所以，感觉和知觉是人对客观事物的两种不同水平的反映。在生活或生产活动中，人都是以知觉的形式直接反映事物，而感觉只作为知觉的组成部分而存在于知觉之中，很少有孤立的感觉存在。

3.2.1 整体性

在研究知觉时，把由许多部分或多种属性组成的对象看作具有一定结构的统一整体，这一特性称为知觉的整体性。在感知熟悉对象时，只要感知到它的个别属性或主要特征，就可以根据积累的经验而知道它的其他属性和特征，从而整体地感知它。图 3–5 所示的 3 张图例，都是由局部构成的整体图形，都属于未封闭状态。但我们对每一个局部都能熟知，因此并不影响我们认知它的整体轮廓。

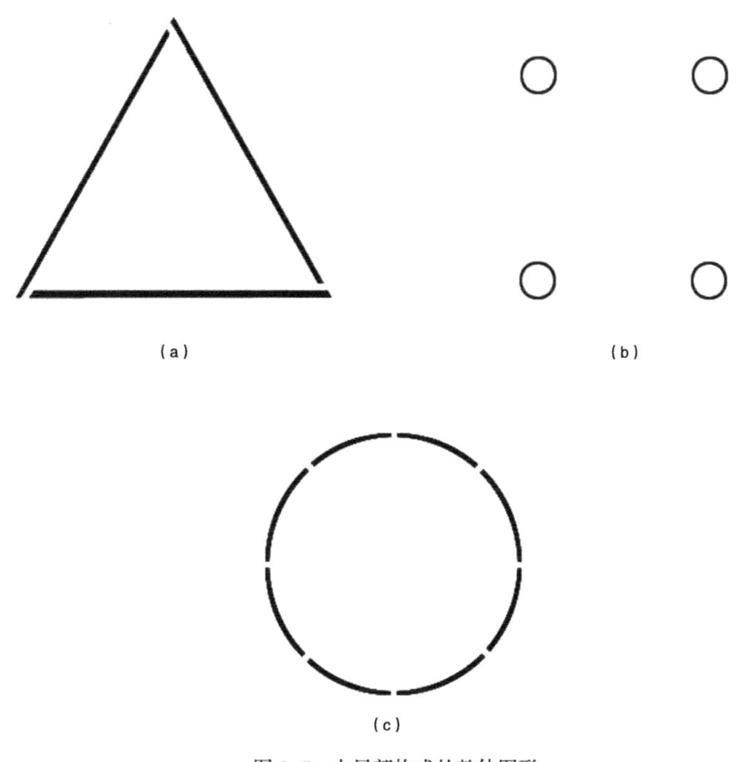

图 3–5　由局部构成的整体图形

3.2.2 选择性

在研究知觉时，把某些对象从某背景中优先区分出来，并予以清晰反映的特性，叫知觉选择性。从知觉背景中区分出对象来，一般取决于下列条件。

（1）对象和背景的差别。对象和背景的差别越大，包括颜色、形态、刺激强度等方面，对象越容易从背景中区分出来，并优先突出，给予清晰的反映，如图 3–6 所示；反之，就难以区分。

图 3–6　汽车与背景差别较大

（2）运动的对象。在固定不变的背景上，活动的刺激物容易成为知觉对象，并更能引人注意，提高知觉效率，如图 3–7 所示。

图 3–7　相对固定背景的刺激物

（3）主观因素。人的主观因素对于选择知觉对象相当重要，当任务、目的、知识、经验、兴趣、情绪等因素不同时，选择的知觉对象便不同。人的情绪良好，兴致高涨时，知觉的选择面就广泛；而在抑郁的心境状态下，知觉的选择面就狭窄，会出现视而不见，听而不闻的现象。

3. 2. 3 理解性

在知觉时，用以往所获得的知识经验来理解当前的知觉对象的特征，称为知觉的理解性。正因为知觉具有理解性，所以在知觉一个事物时，同这个事物有关的知识经验越丰富，对该事物的知觉就越丰富，对其认识也就越深刻。

3. 2. 4 恒常性

知觉的条件在一定范围内发生变化，而知觉的印象却保持相对不变的特性，叫知觉的恒常性。知觉恒常性是经验在知觉中起作用的结果。也就是说，人总是根据记忆中的印象、知识、经验去知觉事物的。在视知觉中，恒常性表现得特别明显。有时，尽管外界条件发生了一定变化，但观察同一事物时，知觉的印象仍相当恒定。

3. 2. 5 错觉

错觉是对外界事物不正确的知觉。错觉产生的原因目前还不是很清楚，但它已被人们大量地利用来为工业设计服务。例如，表面颜色不同而造成同一物品轻重有别的错觉。小巧轻便的产品涂着浅色，使产品显得更加轻便灵巧；而机器设备的基础部分则采用重色，可以使人产生稳固之感，如图 3-8 ~ 图 3-11 所示。

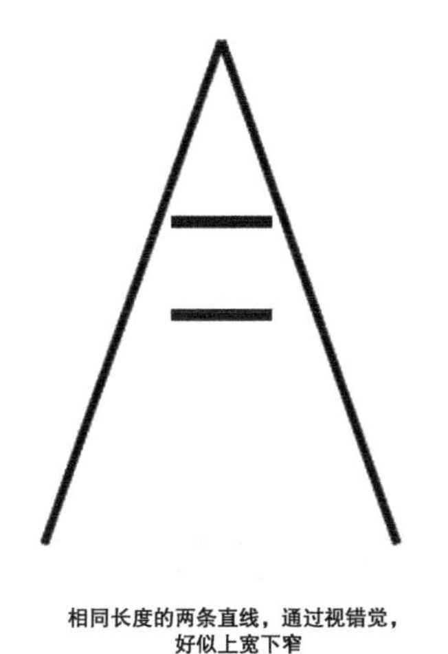

相同长度的两条直线，通过视错觉，
好似上宽下窄

图 3-8　视错觉　图例 1

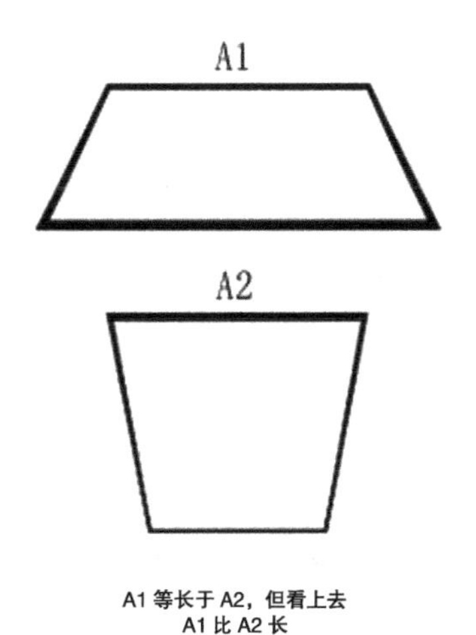

A1 等长于 A2，但看上去
A1 比 A2 长

图 3-9　视错觉　图例 2

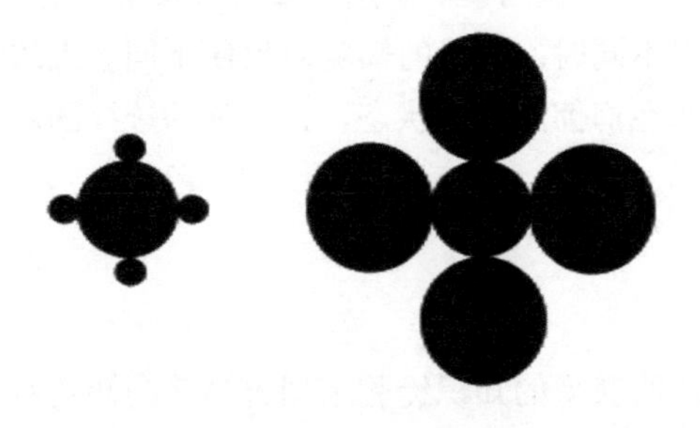

图 3–10　视错觉　图例 3

图 3–11　视错觉　图例 4

3.3 人的视觉机能及特征

3.3.1 视觉刺激

视觉的适宜刺激是光。光是放射的电磁波，呈波形的放射电磁波组成广大的光谱，其波长差异极大。为人类视力所能接受的光波只占整个电磁光谱的一小部分。在可见光谱上，人会知觉到紫、蓝、绿、黄、橙、红等色彩；如果将各种不同波长的光混和起来则产生白色。光谱上的光波波长小于 380nm 的一段称为紫外线，光波波长大于 780nm 的一段称为红外线，这两部分波长的光都不能引起人的光觉。图 3–12 所示为电磁波和可见光谱。

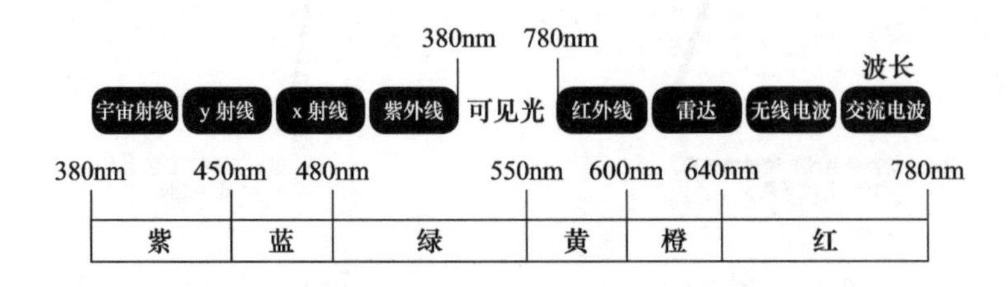

图 3–12　电磁波和可见光谱

3.3.2 视觉系统

视觉是由眼睛、视神经和视觉中枢的共同活动完成的。人的视觉系统主要是一对眼睛，它们由视神经与大脑视神经表层相连。眼睛是视觉的感受器官，其基本构造与照相机类似。光线由瞳孔进入眼中，瞳孔的直径大小由有色的虹膜控制，使眼睛在更大范围内适应光强的变化。在眼球内约有 2/3 的内表面覆盖着视网膜，它具有感光作用，但视网膜各部位的感光灵敏度并不完全相同，其中央部位灵敏度较高，越到边缘就越差。落在中央部位的映象清晰可辨，而落在边缘部分则不甚清晰。眼睛还有上、下、左、右共 6 块肌肉能对此做补救，因而转动眼球便可审视全部视野，使不同的映象可迅速依次落在视网膜中灵敏度最高处。两眼同时视物，可以得到在两眼中间同时产生的映象，它能反映出物体与环境间相对的空间位置，因而眼睛能分辨出三度空间。图 3-13 所示为人眼垂直视野示意图。

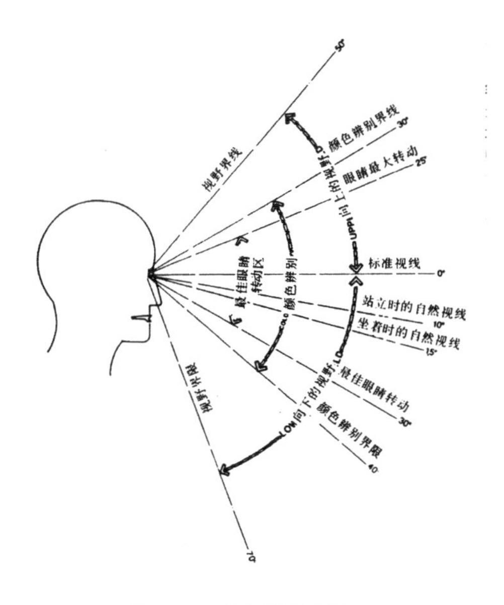

图 3-13　垂直视野示意

3. 3. 3 视觉机能

1. 视角与视力

视角是确定被看物体尺寸范围的两端点光线射入眼球的相交角度，视角的大小与观察距离及被看物体上两端点的直线距离有关。眼睛能分辨被看物体最近两点的视角，称为临界视角。

视力是眼睛分辨物体细微结构能力的一个生理尺度，以临界视角的倒数来表示，人眼视力的标准规定，当临界视角为 1 分时，视力等于 1.0，此时视力为正常。当视力下降时，临界视角必然要大于 1 分，于是视力用相应的小于 1.0 的数值表示。视力的高低还随年龄、观察对象的亮度、背景的亮度以及两者之间亮度对比度等条件的变化而变化。

2. 视野与视距

视野是指人的头部和眼球在固定不动的情况下，眼睛观看正前方物体时所能看得见的空间范围，常以角度来表示。视野的大小和形状与视网膜上感觉细胞的分布状况有关，可以用视野计来测定视野的范围。在水平面内的视野是双眼视区在 60° 以内的区域，在这个区域里还包括字、字母和颜色的辨别范围，辨别字的视线角度为 10° ~ 20° ，辨别字母的视线角度为 5° ~ 30° ，在各自的视线范围以外，字和字母趋于消失。对于特定颜色的辨别，视线角度为 30° ~ 60° 。人的最敏锐的视力是在标准视线每侧 1° 的范围内；单眼视野界限为标准视线每侧 94° ~ 104° 。图 3–14 所示为人眼水平视野示意图。

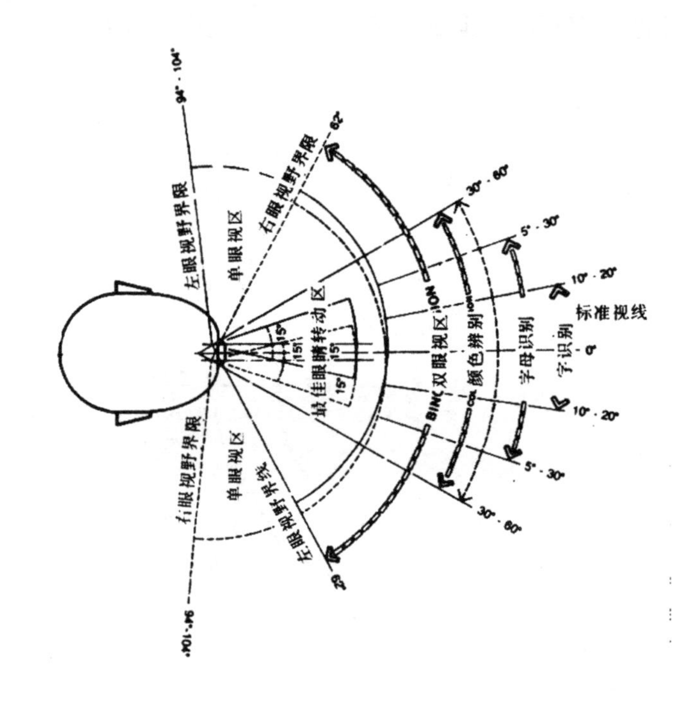

图 3–14 水平视野示意

视距是指人在操作系统中正常的观察距离。一般操作的视距范围为 38 ~ 76cm。视距过远或过近都会影响认读的速度和准确性，而且观察距离与工作的精确程度密切相关，因而应根据具体任务的要求来选择最佳的视野和视距，如表 3–2 所示。

表 3–2 几种工作任务视距的推荐值

（单位：cm）

任务要求	举例说明	视距离（眼睛到视觉对象的距离）	视野直径（对应视距离下的）	备注
最精细的工作	安装电子产品零部件等	12 ~ 25	20 ~ 40	完全坐着，部分地依靠视觉辅助手段（小型放大镜、显微镜）
精细的工作	装配电子产品（收音机、电视机）	25 ~ 35（多数为 30 ~ 35）	40 ~ 60	坐着或站着

续表

任务要求	举例说明	视距离 （眼睛到视觉对象的距离）	视野直径 （对应视距离下的）	备注
中等粗活	在钻井、机床、印刷机旁工作	≤ 50	60 ~ 80	坐着或站着
粗活	粗磨	50 ~ 150	30 ~ 250	多为站着
远看	看黑板、开汽车	≥ 150	≥ 250	坐着或站着

3. 双眼视觉和立体视觉

用单眼视物时，只能看到物体的平面，即只能看到物体的高度和宽度。用双眼视物时，具有分辨物体深浅、远近等相对位置的能力，形成所谓立体视觉。立体视觉的产生，主要因为同一物体在两视网膜上所形成的像并不完全相同，右眼看到物体的右侧面较多，左眼看到物体的左侧面较多。最后，经过中枢神经系统的综合，得到一个完整的立体视觉。立体视觉的效果并不全靠双眼视觉，如物体表面的光线反射情况和阴影等，都会加强立体视觉的效果。此外，生活经验在产生立体视觉效果上也起一定作用。工业设计中的许多平面造型设计颇有立体感，就是运用这种生活经验的结果。

4. 中央视觉和周围视觉

在视网膜上分布视锥细胞多的中央部位，其感色力强，能清晰地分辨物体，用这个部位视物称为中央视觉。视网膜上视杆细胞多的边缘部位感受色彩的能力较差或不能感受，故分辨物体的能力差。但由于这部分的视野范围广，故能用于观察空间范围和正在运动的物体，称其为周围视觉。

在一般情况下，既要求操作者的中央视觉良好，同时也要求其周围视觉正常。而对视野各方面都缩小到 10° 以内者称为工业盲。两眼中心视力正常而有工业盲视野缺陷者，不宜从事驾驶飞机、车、船、工程机械等要求具有较大视野范围的工作。

5. 色觉与色视野

视网膜除能辨别光的明暗外，还有很强的辨色能力，可以分辨出 180 多种颜色，但主要还是红、橙、黄、绿、青、蓝、紫七色。其中红、绿、蓝为 3 种基本色，其余的颜色都可由这 3 种基本色混合而成。当红光、绿光、蓝光（或紫光）分别入眼后，将引起 3 种视锥细胞对应的光化学反应，每种视锥细胞发生兴奋后，神经冲动分别由 3 种视神经纤维传入大脑皮层视区的不同神经细胞，即引起 3 种不同的颜色感觉。当 3 种视锥细胞受到同等刺激时，即感觉到白色。

缺乏辨别某种颜色的能力，称为色盲，若辨别某种颜色的能力较弱，则称色弱。有色盲或色弱的人，不能正确地辨别各种颜色的信号，不宜从事飞行、车辆驾驶以及各种辨色能力要求高的工作。另外，由于各种颜色对人眼的刺激不同，人眼的色觉视野也就不同，在正常亮度条件进行实验，结果表明人眼对白色的视野最大，对黄色、蓝色、红色的视野依次减小，而对绿色的视野最小。图 3–15 所示为色盲色弱检测图。

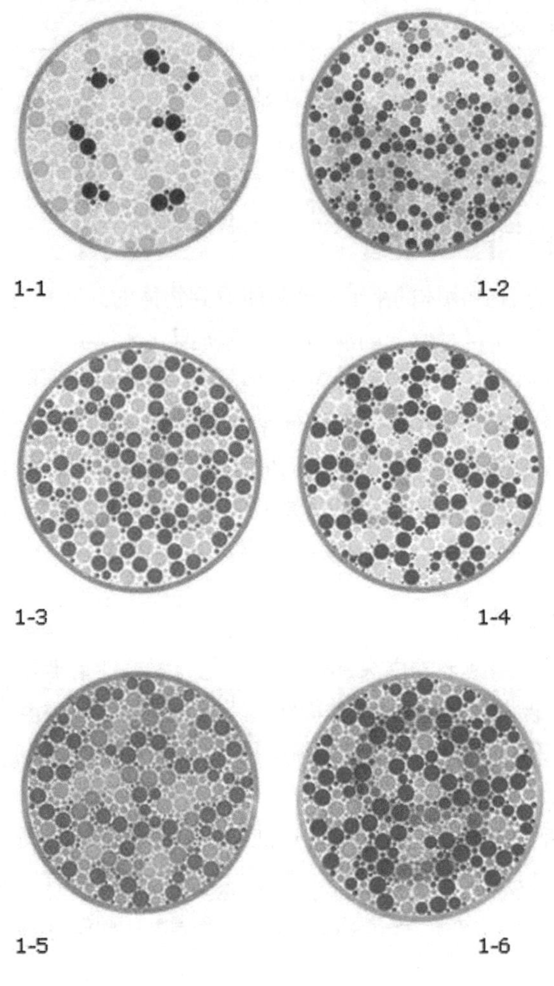

图 3–15　色盲色弱检测图

6. 暗适应和明适应

当光的亮度不同时，视觉器官的感受性也不同，亮度有较大变化时，感受性也随之变化。视觉器官的感受性对光刺激变化的相顺应性称为适应。人眼的适应性分为暗适应和明适应两种。

当人从亮处进入暗处时，刚开始看不清物体，而需要经过一段适应的时间后，才能看清物体，这种适应过程称为暗适应；与暗适应情况相反的过程称为明适应。

人眼虽具有适应性的特点，但当视野内明暗急剧变化时，眼睛却不能很好适应，从而会引起视力下降。

3.4 听觉机能及特征

3.4.1 听觉刺激

听觉是仅次于视觉的重要感觉，其适宜的刺激是声音。震动的物体是声音的声源，振动在弹性介质（气体、液体、固体）中以波的方式进行传播，所产生的弹性波称为声波，一定频率范围的声波作用于人耳即使人感觉到声音。外界的声波通过外耳道传到鼓膜，引起鼓膜的振动，进而以机械能形式的声波在此处转变为听神经纤维上的神经冲动，然后被传送到大脑皮层听觉中枢，从而产生听觉。

3.4.2 听觉特征

（1）频率响应。可听声主要取决于声音的频率，具有正常听力的青少年（年龄为 12~25 岁）能够觉察到的频率范围大约是 16~20000Hz。而一般人的最佳听觉频率范围是 20~20000Hz。人到 25 岁左右，开始对 15000Hz 以上频率的灵敏度显著降低，而且随着年龄的增长，频率感受的上限逐年连续降低。可听声除取决于声音的频率外，还取决于声音的强度。

（2）方向敏感度。人耳的听觉本领，绝大部分涉及到所谓的“双耳效应”，或称“立体声效应”，这是正常的双耳听力具有的特性。当通常的听闻声压级为 50 ~ 70dB 时，这种效应的产生通常会由下面的条件决定：一个是时差，也就是同一声音传播到人的双耳的时间差。实验结果指出，从听觉上可觉察到的声信号入射的最小偏角是 3°，在此情况下的时差约等于 30μs(微秒)。根据声音到达两耳的时间顺序，和响度差别判定声源的方向；另一个条件是由于头部的掩蔽效应，结果造成声音频谱的改变。靠近声源的那只耳朵几乎接收到形成完整声音的各频率成分，而到达较远耳朵的“畸变”的声音，特别是中频和高频部分或多或少的受到衰减。

（3）掩蔽效应。一个声音被另一个声音所掩盖的现象，称为掩蔽。一个声音因另一个声音的掩蔽作用而提高的效应，称为掩蔽效应。在设计听觉传递装置时，应当根据实际需要，有时要对掩蔽效应的影响加以利用，有时则要加以避免或克服。

3.5 人的空间行为

人与动物一样有争夺“领地”行为，这种行为的目的是为了保护自己及其部落、家族等不受侵害，也有人称这种领地间的距离为“自卫距离”或“警戒线”。比如，蜥蜴的“警戒线”为 1.83m，狮子是 22.9m，鳄鱼是 45.7m，长颈鹿为 182.8m，新疆野牦牛为 250m、其接近距离为 150m，而新疆野骆驼对人的警戒距离则长达 20 ~ 30km，这说明它的警觉性极强。

动物一般发现在“警戒线”范围内出现“敌人”时，如果面对的是弱者，便会采取进攻行为；而面对的是强敌时，则会逃之夭夭。

行为学家经过调查证明，人类也有保护“领地”即“个人空间”的行为特征。这个空间以自己的身体为中心，在个人空间的边界与他人相接时，也会表现出进攻或躲避的行为。

一切动物及人的空间行为均与入侵者的距离有关。动物的距离保持有逃跑距离、临界距离（临界距离表示退让的限度）和攻击距离之分，这 3 种距离同动物个体大小和活动能力成正比。同样，人类也有自己的距离保持。

3.5.1 人类的距离保持

1. 亲密距离

它是指与他人身体密切接近的距离。共有两种，一种是接近状态，指亲密者之间爱护、安慰、保护、接触、交流的距离，此时身体接触、气味相投；另一种为正常状态（15 ~ 45cm），头脚部互不相碰，但手能相握或抚触对方。在不同文化背景下，亲密距离的表现是不同的。例如，在我国人们与非亲密者在公众场合，上述两种状态的亲密距离都要尽量避免，在不得不进入这种距离范围时，会有相互的躲避行为。图 3-16 所示为亲密距离。

图 3-16　亲密距离

2. 个人距离

它是指个人与他人间的弹性距离。也有两种状态，一种是接近态（45 ~ 75cm），是亲密者允许对方进入的不发生为难躲避的距离，但非亲密者进入此距离时会有较强烈的反应；另一种为正常状态（75 ~ 100cm），是两人相对而立，指尖刚能相触的距离，此时彼此身体的气味、体温不能被感觉，谈话声音为中等响度。图 3-17 所示为个人距离。

图 3-17　个人距离

3. 社会距离

它是指人们参加社会活动时所表现的距离。同样是两种状态，一种是接近状态（120 ~ 210cm），通常为一起工作时的距离，上级向下级说话便保持此距离，这一距离能起到传递感情的作用；另一种为正常状态（210 ~ 360cm），此时可以看到对方全身，有外人在场的情况下，继续工作也不会感到不安或干扰，为业务接触的通行距离。正式会谈，礼仪等多按此距离进行。图 3-18 所示为社会距离。

图 3-18　社会距离

4. 公众距离

它是指演出等公众场合的距离。其接近状态约为(360 ~ 750cm)，此时需提高声音说话，能看清对方的活动；正常状态是750cm以上，这个距离已分不清表情、声音的细部，为了吸引公众的注意要用夸张的手势、表情和大声疾呼，此时交流思想感情主要靠身体姿势而不是语言。图3-19所示为公众距离。

图3-19 公众距离

需要说明的是，由于人文背景的不同，上述由欧美社会确定的4种距离保持的适用性也不尽相同。有的西方人可能更适用，而东方民族或许不适用。由于人们的生活习惯不同，如果采用的距离保持不妥，有时会引起人际关系问题。图3-20所示为距离示意图，图3-21所示为针对使用者不同距离保持所设计的产品。

单位：cm

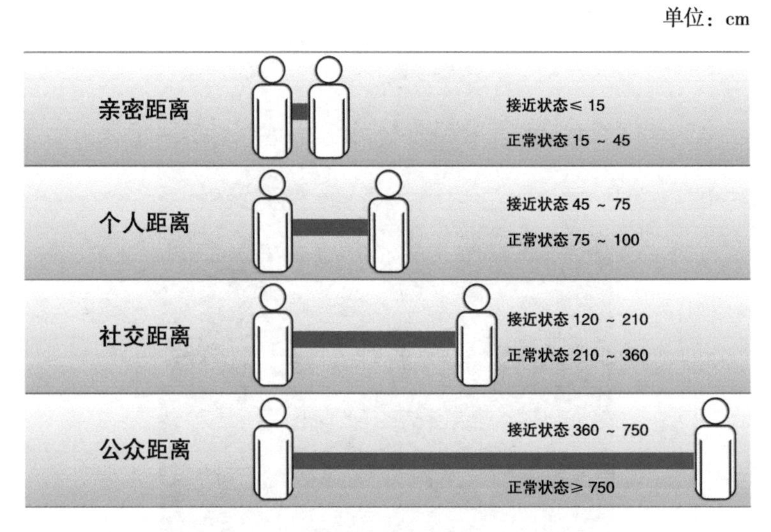

图3-20 距离示意

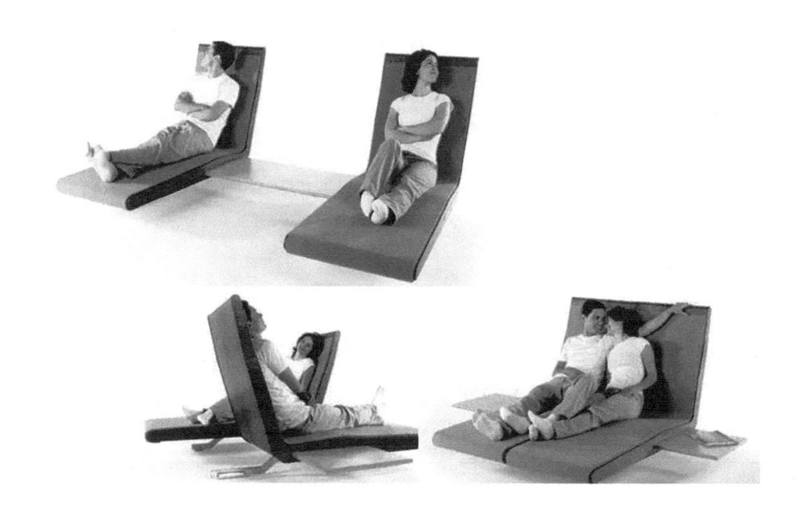

图 3–21　针对使用者不同距离保持设计的产品

3.5.2 人的侧重行为

人的大脑半球是左右两侧构造相同的，但在语言和运动机能上，总是有一侧占有优势。一般来说，儿童时期约有 25% 的人惯用左手，随着年龄的增加，此比例逐渐减少，成人中男性约 5%，女性约 3% 惯用左手。事实证明，让习惯使左手的人改用右手，其工效必然降低，疲劳程度会提高。另外，在步行运动中也存在着偏重一侧的问题，如我国交通规则规定右上左下（有些国家和地区是左上右下）的道路划分等；在展览、会场、画廊上，行人的行进方向多为逆时针；在公园、运动场等场合也是如此。有人说这样可使心脏靠向建筑物，有力的右手向外，可在生理上、心理上产生稳妥的感觉。虽然这一切目前尚无定论，但事实上人们大部分均有此类侧重行为证明。人类的行为习惯在人机工程学和工业设计方面都是不可忽视的重要课题之一。

3.5.3 人的捷径反应和躲避行为

人在日常生活中常会有不自觉的反应。例如，取物品时往往直接将手伸向物品；上下楼梯靠扶手一侧；穿越空地时愿意走最短距离，这些行为都是人的捷径反应之一。

在发生危险时，人们往往采用他们认为最快、最好、最能保护自己的方式避难。

在产品设计中要充分注意到人们的这类不自觉的反应，不可大意，否则在意外情况下可能会给使用者造成不可逆转的伤害。

3.6 本章总结

通过本章内容的学习，我们对人机工程学的基础知识有了全新的认识，大家要牢记 6 个知识点：①人的感觉特征及心理特征；②视觉机能及其特征；③人的听觉机能及其特征；④人的空间行为；⑤人的侧重行为；⑥人的捷径反应和躲避行为。

有关人机工程学的内容还有很多，需要大家不断深入研究。随着时代的发展和技术的进步，人机工程学的内容也在不断发展、成熟，其内容更为全面。此外，与人机工程学学科息息相通的设计也有了越来越多的新课题。

3.7 本章思考与练习

1. 阐述人体感觉和知觉的特征。
2. 阐述人体视觉的特征。
3. 阐述人体听觉特征，举例说明人体神经系统机能及其特征。
4. 阐述人的运动系统机能及其特征，详细说明人体骨骼、肌肉的活动原理及作用。
5. 举例说明人的空间行为特征及其作用。

第 4 章 使用者心理研究

Chapter 4

人机工程学研究人、机、环境相互之间的适合性问题，它要求产品设计和环境条件必须适合使用者的心理特性，还要能令使用者产生愉悦的感受，这是人机工程学中十分重要的内容，其研究的对象包含使用者心理现象的各个方面。因此使用者心理学研究是人机工程学科发展的重要基础。

4.1 心理学研究内容简述

任何一门科学都有其研究的对象以及探索的领域，心理学是研究心理现象的发生、发展以及探索其规律的科学。它不仅研究人的心理，也研究动物的心理，其中以研究人的心理为主。在人机工程学学科研究中，以人的心理研究为课题，随着设计行业的发展，设计师的创意也越来越新颖，但是一件优秀产品的设计绝不仅仅是只依靠天马行空的想法，而是必须严格考虑设计过程中“人”的心理因素，即分析使用者的心理状态和心理特征，以此设计出符合使用者满意度的产品。此外，设计的过程，无论从使用者还是从设计师的角度考虑，都要涉及心理学问题，这些问题也都具有设计学科的特点和规律性，需要我们进行专门的研究与分析。

4.1.1 心理现象

心理一词，从汉语字面上解释，就是心思、思想、感情等内心活动的总称。心理现象（Mental Phenomena）是指人心理活动的表现形式，一般是指个人在社会活动中通过亲身经历和体验表现出的情感和意志等活动。心理现象主要包括心理过程和个性心理，二者表现出人脑对客观现象的反映过程。

人在操纵机器或生产作业时经常受到心理因素的影响，心情愉悦时，生产效率就高，心情低落时，效率就低。同时，生产制造、机械成型、作业方法、工艺流程和生产环境等条件又对使用者的心理状况产生影响。顺畅的操作流程，便捷的操作方式都会使使用者的情绪保持良好。因此，使用者不同的心理现象会产生不同的结果。

心理现象由 3 个部分组成，如图 4–1 所示。

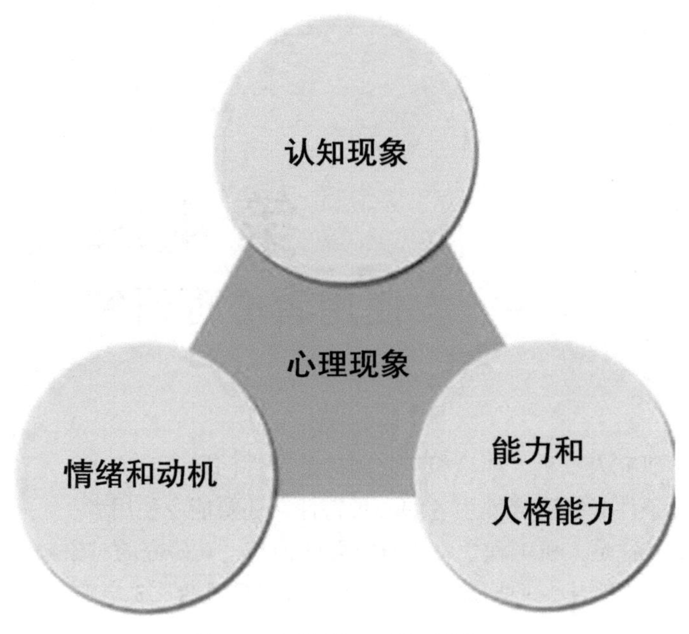

图 4–1　心理现象 3 个组成部分

（1）认知现象。认知现象是人们获得知识和运用知识的过程，或信息加工的过程。这是人的基本的心理现象，包括感觉、知觉、记忆、思维、想象等。

（2）情绪和动机。人的大脑在对外部信息加工输入的时候，不仅仅能认识事物的属性和关系，而且能产生对事物的态度，引起满意、喜欢、厌恶等主观体验，这就是情绪情感。动机则是存在于人脑当中的，促使人们去行动的主观原因，动机是推动人类产生活动并朝向一定目标的内部动力。

（3）能力和人格能力。能力就是指完成某一活动所必需的主观条件。能力是直接影响活动，并使活动顺利完成的因素，能力总是和人完成一定的活动相联系在一起的。离开了具体活动既不能表现人的能力，也不能发展人的能力。人格是构成一个人的思想、情感及行为特有的综合模式。它具有独特性、稳定性、统合性、功能性。

这 3 个部分是心理学研究心理现象主要的 3 个方面，缺一不可，相互关联。

4.1.2 心理过程

心理过程是指人的心理活动的动态过程，也指心理现象发生、发展和消失的过程。它具有时间上的延续性。

整个心理过程又包括人的认识过程、情绪和情感过程、意志过程。认识过程是一个人在认识、反映客观事物时的心理活动过程，包括感觉、知觉、记忆、想象和思维过程。情绪和情感过程是一个人在对客观事物的认识过程中表现出来的态度体验。例如，认同、满意、愉快、气愤、悲伤、愤怒等，它总是和一定的行为表现联系着。人在认识客观事物时，不仅仅是认识它、感受它，同时还要改造它，这是人与动物的本质区别。为了改造客观事物，一个人有意识地提出目标、制订计划、选择方式方法、克服困难，以达到预期目的的内在心理活动过程即为意志过程。人的这种认识过程、情绪和情感过程、意志过程统称为心理过程。它们是既有区别又有联系的心理活动过程的 3 个组成部分。人的认识过程和意志过程往往伴随着一定的情绪、情感活动；意志过程又总是以一定的认识活动为前提；而人的情绪、情感和意志活动又促进了人的认识水平的发展。图 4–2 所示为心理过程示意图。

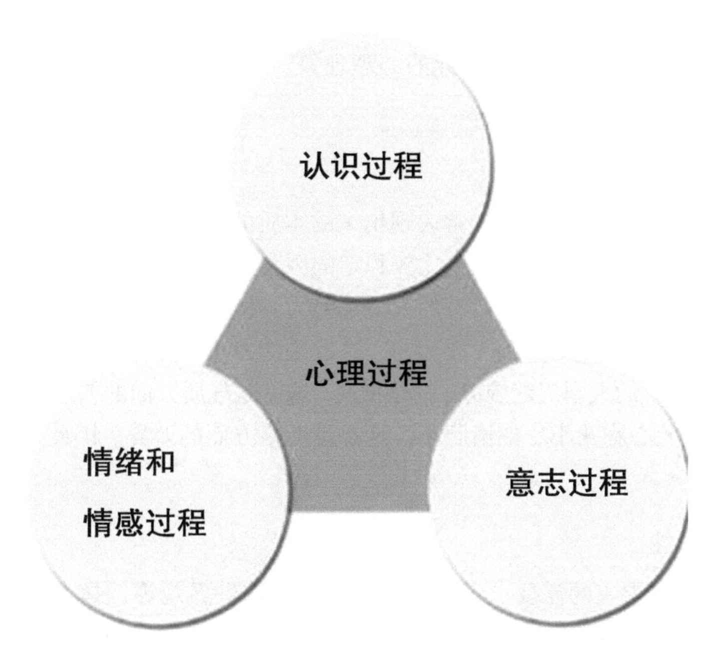

图 4–2　心理过程示意

1. 认识过程

认识过程是指人在认识客观事物活动中表现出来的各种心理现象，人对感觉和知觉的材料进行分析、判断后，揭示出事物的规律，使认识活动又深入一步，这叫作思维过程。当人听到机器运行时发出异常的声响，可以判断其出了故障；看到红颜色，就会联想到警告；看到机器静止，可以判断其运转停止等。这都是感觉和知觉材料在人脑中进行思维活动的结果。人们在大脑中已存在的知识结构的基础上，在头脑中构思出未曾经历过的事物形象，如根据理论介绍的机械原理和结构，可以构思出该机械的大致轮廓，这种认识活动叫作想象过程。感觉、知觉、思维、想象、记忆这 5 种过程是对客观事物的认识形式，统称为认识过程范畴。

2. 情绪和情感过程

人在认识过程中，并不是无动于衷、冷漠无情的，在面对客观事物时，人的内心会产生情感，并表现出满意或失望、喜欢或厌恶、兴奋或惊恐、愉快或忧愁等，这都属于人的情绪和情感过程的范畴。

3. 意志过程

意志过程是指人为了完成某项任务，实现某一目标，自觉克服内心矛盾和外部困难的心理过程。例如，操作者为实现某一目的，在控制机器完成操作活动的过程中，表现出不怕困难、不怕艰险，坚决完成任务的心理过程便属于意志过程范畴。因此产品设计中要将机器操作过程设计得简洁合理。

4.1.3 个性心理

个性心理是指表现人们个体差异的心理现象，个性心理包括个性心理特征和个性倾向性。

1. 个性心理特征

个性心理特征是一个人身上经常表现出来的本质的、稳定的心理特点，包含能力、气质和性格，这些是在人的个性结构中比较稳定的因素。每个人的个性心理特征并不相同，比如，有的人天生计算能力强，而有的人口语能力强。再如，对于同样的工作任务，有的人能够顺利完成，有的人则感到无能为力，这就是能力素养方面的差异；有的人性格奔放热情，喜颜欢笑，有的人则沉默婉静、情绪低落，这就是气质方面的差异；有的人心胸开阔、勤劳勇敢，有的人心胸狭小、懒惰胆小，这都是性格方面的差异。因此个性心理具有稳定性的特征。

2. 个性倾向性

个性倾向性是指人的需要、动机、兴趣、信念和世界观等，是个性的潜在力量。世界观在人的个性倾向性成分中居于最高层次，决定着人的总的意识倾向。每个人的个性倾向性不尽相同，比如，某人有这方面的要求，另一个人有那一方面的要求，表现出人们在需要方面的差异；同一件事情，这个人出自这种观念，那个人出自另外一种观念，这就是动机的差异；这个人有这方面的爱好，那个人有另一方面的爱好，这是兴趣的差异；这个人坚信这个道理毫不动摇，那个人坚信另一种道理从不改变，这是信念的差异；这个人出自这种立场观点看待现实事物，那个人出自另一种立场观点看待现实事物，这是世界观的差异。这些不同的个性差别促使不同的人对同一客观事物产生不同主观思想。因此，在产品设计中要了解不同使用者的个性心理和心理需要，设计出适应使用者的产品。

综上所述，个性心理特征和个性倾向性也同样是相互联系、相互促进的。例如，一个人具有的某种能力，同他具有这方面的动机和兴趣有着密切关系。具体地说，凡是引起个体去从事某种活动，并使活动指向一定目标以满足个体需要的愿望或意愿，都叫这种活动的动机。人们通常把由动机所发动、维持并导向的行为称为动机行为。人们从事某项工作的能力越强，也越容易提高这方面的兴趣，而对这方面的兴趣越浓厚，就越能积极地推动其从事该项活动，进一步提高其能力。

4.1.4 心理现象及心理过程的关系

1. 心理过程和个性心理相互联系影响

人的心理过程和个性心理是相互密切联系的。一方面，个性是通过心理过程形成的，如果没有对客观事物的认识，没有对客观事物产生的情绪和情感，没有对客观事物的积极发现的意志过程，个性是无法形成和体现的。另一方面，已经形成的个性又会制约心理过程的进行，并在心理活动过程中得到表现，从而对心理过程产生重要影响，使之带有个人的色彩。

2. 心理现象相互联系影响

人的各种心理现象是相互制约、相互依赖的。也就是说，人的个性心理是成长过程中通过心理过程逐渐形成的，若没有对客观事物的认识，没有对客观事物进行改造的意志，没有伴随认识表现出来的情感，那么，兴趣、性格、信念等个性心理也就无法形成。从另一方面看，个性心理也制约着心理过程，并在心理过程中得到表现。例如，兴趣爱好不同的人，对同一事物会有不同的认识；在需要上不同的人，对同一事物会有不同的情感；性格不同的人，会表现出不同的情绪特点。

3. 各种心理过程相互联系影响

各种心理过程也是相互依赖、密不可分的，它们互相联系而又互相制约。例如，要进行一项产品设计活动，就包含了 3 种心理过程：第一，了解情况，对产品进行相应的分析，这是认识过程；第二，在认知的基础上，发现产品的特点，这是进行设计的关键所在，此时心理情绪受到鼓舞，这就是情感过程；第三，执行过程，针对产品加工工艺，进行修改，不畏困难，这就是意志过程。在统一的心理过程中，认识是基础，情感和意志是行为的动力，它们相互促进、相互影响，互为一体。

4.2 设计心理学简述

4.2.1 设计心理学研究现状

设计心理学是一门十分重要的学科，它涵盖多种学科的知识点，又与许多其他学科相互交叉，深入研究设计与心理学科的关系，建立成熟的设计心理学理论需要一个长期的过程。国外对设计心理学的研究已经有一定的深度，但仍处于探索和发展的阶段；国内起步较晚，因此对于国内的工业设计专业来讲，深入地研究使用者心理是十分重要的，使用者心理研究对产品的设计是否能够满足人的需求，起到决定性作用。设计心理学开始时采用了普通心理学和实验心理学中的一些方法来进行调查和实验研究，因此可以说包括了全部可能使用的方法：从严格的因果分析设计的实验，到一些科学的观察，其中还有从社会心理学中参考的问卷法和临床心理学中的投射技术等。因此可以看出，设计心理学的范围是很难界定的。它随着相关学科的发展而发展，不可割裂设计心理学与其他学科的关系。要将这些研究方法在这里做全面的介绍是不可能的，但我们可以从各种研究方法的共同问题着手，这些共同问题具有很好的指导意义。由此可见，设计心理学总体上的发展趋势是与科学精神一脉相承的，设计艺术和心理学走到一起更是历史的必然。

4.2.2 设计心理学研究对象

作为设计心理学研究对象，研究的“人”除具有广义上的理解，具有“人”的本质和心理特性以外，同时还特指与设计过程和设计结果相关的“人”，这就体现出设计本身是一个动态的过程，并非是单一静态的。所谓的“人”，也并非特指研究过程中指定的人，而是设计过程和设计结果有关联的“人”。其实我们在试图描述设计的基本意义时，都会涉及心理学的概念和问题，前面提及的关于设计的定义，均属于对设计过程和设计本质的阐述与解释，它们都与心理学概念息息相关。若把设计师的工作看作“编码”的过程，那么欣赏、购买以及使用就是一个“解码”的过程，是两个或更多的个体通过不同心理过程完成的一个整体行为。例如，一件产品在生产制造后，不仅在设计过程中要了解使用者的心理感受，还要考虑到产品真正投放到使用环境中的情形，通过使用者的使用、认知、评价等心理行为来全面体现出这件产品的综合价值,这是人机工程学中一个重要的观念。图4–3所示为编码与解码过程。

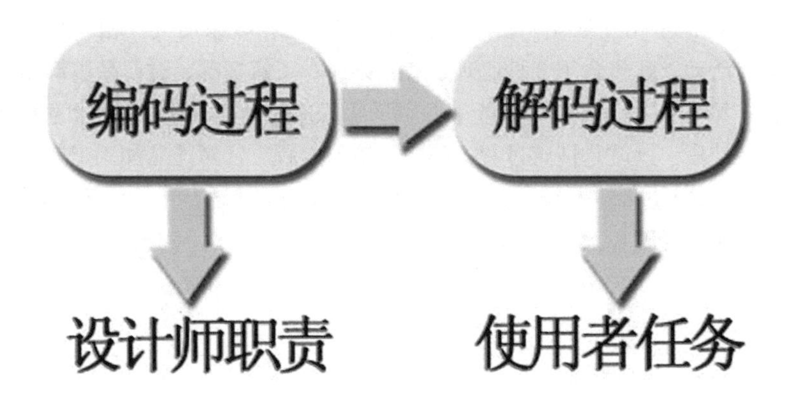

图 4–3 编码与解码过程

4.2.3 设计心理学研究目的

设计心理学专门研究在设计活动中，应如何把握用户及使用操作者的心理，遵循使用及消费行为规律，适应使用者的心理特性，以此设计出适应消费者及操作者需要的产品，最终提升消费者或使用者的满意度，使人能够轻松、愉悦、安全地使用产品。设计心理学的基本性质是科学性、客观性和验证性，设计心理学研究人的行为和审美心理现象，以此达到设计活动与消费者心理匹配的目的。它兼有自然科学和社会科学两种属性，它属于应用心理学的一个重要分支，并由多学科的内容构成，是一门交叉性、边缘性的重要学科。设计心理学是将心理学应用到设计艺术领域中，是一门典型的应用型学科，因此设计心理学具有心理学的基本属性，即科学性、客观性和验证性；同时又包含设计艺术领域中的艺术性、人文性，所以说设计心理学是科学与艺术的结晶。图 4–4 所示为符合使用者心理的产品。

（a）

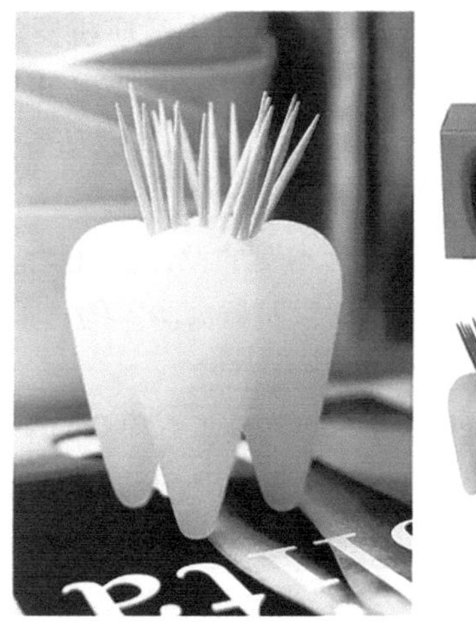

（b）

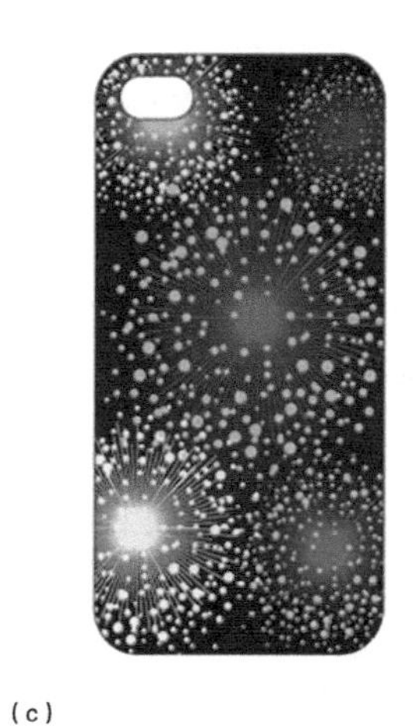

（c）

图 4–4　符合使用者心理的产品

4.3 设计心理学在人机工程学中的应用

4.3.1 设计心理学最初应用

对设计心理学的研究在工业设计领域中起着极为重要的作用，尤其在人机工程学领域中，其对人机界面设计和信息设计等环节有着极为重要的指导作用。

心理学在工业设计领域的应用有着一定的历史。最初，设计心理学的应用一直被人们忽视。早在20世纪40年代，飞行器的速度超过了人的生理极限，而雷达观测员往往漏报屏幕目标，这些问题的出现致使国际学术领域提出了工程心理学概念。在这种背景下，美国也建立了工程心理学研究所，在当时行为主义的影响下，工程心理学的主要目的是为了培训操作员，主要的手段是将人的心理因素通过计算机模拟成机器参数，以此来要求使用者适应机器的要求，完成操作。由于机器设备的操作和使用主要依靠使用者的知觉和操作能力，从20世纪50年代到90年代，美国心理学界针对使用者的知觉和动作及机器的操作等进行了大量针对性研究，主要是研究如何利用知觉对设备仪器的遥控杆柄进行操作等相关问题。随着时代的发展，人们通过大量的研究，认识到行为主义心理学的弊端，否定了过去迫使人去适应机器的观点，从而提出了机器的设计应该最大限度地适应人的生理和心理特性的需要。也正因此，将原先的工程心理学改为“人因素”（human factor）。人因素的主要内容是研究人的生理特性与机器操作之间的科学合理的关系，也正是如今所讲的“人性化设计”。

当人因素的“以人为本”的设计价值观念确定以后，人们很快就发现工业革命以来的设计价值观念即效率是“以机器为本”的，正是这种错误的观念导致了大量的工伤事故、职业病和环境污染等问题。

在1974年，德国学术界实施了一项新的举措，开始全国性的“公正对待人的技术”项目，旨在以心理学和人机工程学为基础，全方位改造自工业革命以来以机器设备为中心的环境、设备、工具、人机界面等问题，主要为了解决由操作机器而产生的疲劳和活动安全等问题。该项目持续了10年以上，研究内容涉及多个领域，如工程、交通、建筑、服务业以及日常社会生活等。在20世纪80年代中期，美国首先在设计方面提出了“对用户友好“的设计观念。此时的设计观念已经形成了以人为本的理念，对如今的工业设计及其他领域都起着重要的作用。

4.3.2 设计心理学对工业设计的作用

工业产品设计也是伴随着心理学的进程，并不断发展的。早先的工业产品设计主要注重美学，从满足使用者的视觉角度进行设计。随着设计理论和科技实践的进步，国际设计界尝试把动机心理学用于改进机器工具，为提高机器设备的可用性进行设计，同时美国也尝试了运用认知心理学解决用户在操作机器设备中遇到的问题。从狭义上看，心理学可以作为人因素去设计人机界面；从广义上看，心理学也可作为背景知识，设计和改善人与物、人与环境、人与人的关系。

从现代产品设计发展来看，产品的造型审美是人对其基本需要之一，外观漂亮的产品可以吸引使用者购买和使用。随着时代的发展，工业设计学科应该研究并发现人们在使用各种产品时的审美心理和审美需要，这是由使用者内在的心理需要而产生的对不同造型的需求，也是区别于传统的，即孤立看待产品外观设计的旧观念。传统美学主要从哲学和社会学角度研究美学，很少针对日常生活中对各种产品用具的审美心理和审美需求进行研究，将这种美学运用到产品设计中，会使设计脱离大众社会生活，与人们真实的生活越来越远，只能起到观赏价值。如今，现实对工业设计的要求早已超过了以传统美学为基础的外观造型的范围，许多因素都能成为评判一件产品好坏的标准，如成本、安全、质量等因素。因此工业设计师应该从现实使用者内心角度出发，从心理学角度研究这些问题，建立具有科学性的设计美学观念。

具体来讲，可以从使用者日常的知觉感受、认知感受、情绪感受等心理出发，以此作为研究基础，分析各种审美的需要，并科学合理地进行产品设计规划。这样的设计必然会从情感上满足使用者的需求。例如，设计师在进行产品设计时，要对使用者进行全面分析，通过调研，可以把当前我国公众的审美心理分为若干种类：如传统审美心理，现代审美心理，传统兼现代审美心理等。中国人的传统审美心理主要表现为含蓄、典雅、柔和、古朴等，现代审美心理则表现为追求时尚、追求个性、精致高档、冷艳等，传统兼现代审美心理则表现为现代而不失典雅，是一种综合心理的体现，只有在对使用者的心理进行分析后，再进行相应的产品设计，才能符合使用者真正的审美需要。图 4–5 所示为符合使用者心理的产品设计。

（a）曲线沙发设计

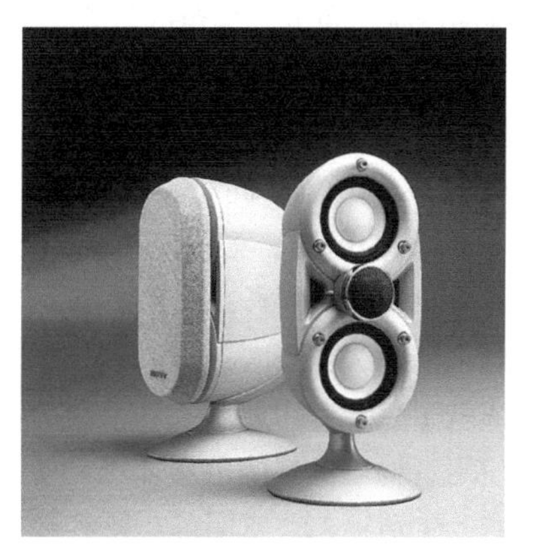

（b）现代家电设计

（c）生活用品设计

（d）茶具设计

图 4–5　符合使用者心理的产品设计

4.4 影响使用者心理的因素

使用者心理学的分析研究，是设计心理学领域中重要的一个分支，它重点分析影响使用者行为的内外环境因素，为产品设计提供科学的指导。使用者的需求一般分为两大类：一类为物质因素需求，亦可称为自然性的需求，包括生理上和安全保健方面的需要；另一类为社会因素需求，也可称精神性的需求，包括社会交际，美化和发展类的需要。工业设计将人对物质的需要和追求美、追求精神上的需要相结合，并在考虑到使用者的生活水平和文化修养等因素后来进行设计的。使用者心理学受到社会文化、社会群体、社会阶层和社会心理等因素的影响。

4. 4. 1 环境因素

1. 颜色对使用者心理的影响

颜色对人的心理作用表现为人的多方面的心理感受，并有可能由此引起人的生理变化。色彩所引起的心理感受有冷暖感、动静感、胀缩感、大小感、轻重感、软硬感、进退感和华丽质朴感以及喜、怒、哀、乐、悲、恐、惊、愁等多种情感。这种联想随民族、性别、教育、年龄、时代等社会文化诸多因素的变化而变化。

色彩在人机工程学中的研究与应用极为广泛，如军队中的迷彩服，民用的有消防车和各种商品的标志色等。颜色的好恶与人先天与后天的经历及人文背景有关。

（1）人的年龄不同对颜色的好恶不尽相同，低年龄层的人群多喜欢纯色彩，讨厌浊色，高年龄层的人群则很可能不喜欢纯色。

（2）人的性别不同对颜色的好恶也会不同，男性大多偏爱冷色，女性大多偏爱暖色。

（3）人的民族、文化背景不同以及受教育程度不同，对颜色的好恶也会不同。西方人大多喜爱明度高的色彩，东方人则大都喜欢明度低的色彩。

综上所述，色彩对人类心理、生理所产生的作用，形成了人们对色彩的习惯性好恶，进而成就了色彩对作业工效和情绪的特殊作用，如果设计师能恰当地利用这一特点，不但能为使用者构成良好的色彩环境，使人机关系更加协调，增强人的舒适感，而且还能使各种生产、生活标志非常明确，既容易被识别，又容易被管理，更可减少使用者的行为差错和心理紧张，从而刺激人们的生理与心理，使人精神愉快，增加工作兴趣，提高工作效率。

2. 照明对使用者心理的影响

照明条件的好坏将直接影响到人的工效与疲劳程度，因此在照明设计时，应根据不同要求分别设计灯光。作业面照明属于环境照明，各种光源之间应保持一定的比例关系，防止眩光的产生，同时还应考虑到光的色调，要充分利用光源效率，尽可能使照明强度稳定，并均匀分布。

3. 噪声对使用者心理的影响

噪声是对人体有害的、不必要的声音。各国标准不同（我国的标准是 85 ~ 90dB），有的声音对某些人来说是动听的，而对另一些人来说，就是有害的。它的害处是干扰谈话，降低作业效率，使人烦躁、疲劳和分心，严重的会引起听觉损伤和心理变态等精神疾患。

4. 造型与审美标准对使用者心理的影响

所谓造型及审美标准，指产品本身的造形及建筑物、环境等一切可视的，或能产生联想的造形和与之相关的审美标准、美学法则等。例如，在此时此地，普遍被人们喜欢的形式和色彩，换到彼时彼地，就可能引起很多人的反感。

4.4.2 社会文化因素

1. 社会文化

社会文化是指人类社会发展过程中，所创造的物质与精神财富的总和。狭义地讲，是指社会的意识形态以及与之相适应的制度，包括政治、宗教、道德、伦理、风俗习惯等。在阶级社会里，观念形态的文化有着阶级性，随着民族的产生和发展，文化又具有民族性，形成传统的民族文化。社会物质生产发展的历史延续性决定着社会文化的历史连续性。社会文化就是随着社会的发展，通过社会文化自身的不断扬弃来获得发展的，对消费行为产生直接影响的是狭义的社会文化。社会文化以各种形式向社会成员规范了行为和价值标准。不同社会文化背景下的人们，在生活环境、兴趣爱好、风俗习惯、行为模式等方面，均显示出各种差异；同时，这种差异也表现在消费行为上，因此这种差异对使用者在选购产品时起到重要的作用。

2. 社会文化对使用者心理的影响

不同国家的人，由于文化背景和生活方式等不同，致使在选择和使用的产品上存在着差异。例如，据调查，美国的家庭主妇每周大概需要逛两次超市，而在南美洲的国家，人们则需要每天都去超市购买生活用品。因此可以看出，生活在不同的国家和地区，由于当地环境的不同，致使人们的生活和消费形式存在着很大的差异。同样，生活在同一国家地区的人们，由于各自的生活习惯和成长背景不同，也会产生不同的消费习惯。例如，我国为多民族国家，而且是一个历史悠久，富有民族传统的东方文明古国，有其独特的社会风貌，同西方文化有着较大的差异。在这种文化背景下，作为中国市场的消费者，当然会具有一些独特的消费动机、购买标准与购买方式。再如，西方国家对产品比较注重实用性，而我国由于生产水平提高，经济发展较快，人们选购产品更加注重宣扬个性，追求时尚，这就是不同国家的认同观差异化所产生的不同消费观。如果说西方民族的典型性格是外向、奔放；那么，中华民族的性格则比较内向、含蓄、高贵。在艺术表现手法上，西方以写实为主要手法，如油画等；中国则以写意为主，强调意境。像这样的文化差异举不胜举。正是基于这种地域性差异，设计师在设计产品时，要充分考虑到这些要素，了解消费者的社会文化背景，进而对产品设计的规划、生产等起到科学的指导作用。图 4-6 所示为不同文化背景下的座椅设计。

3. 社会阶层

国际设计联合组织 2006 年的一次调查研究表明，个人的消费支出形态与社会阶层有显著的关系。

（1）社会阶层的特征

①同质性。所谓同质性，是指同一阶层的人，他们有相似的态度、活动、爱好以及生

图 4-6　不同文化背景下的座椅设计

活方式等。

②认同性。各个阶层的人群之间的交往会受到限制，一般来讲，同等阶层的人交往比较舒服，因此同等阶层的人交往比较频繁，他们有一致的看法，或者生活方式比较一致。

③多元性。社会阶层包括职业、收入、文化教育条件、居住条件等，每一个方面即可表示一个维度，他们对划分阶层起到重要的作用。

④动态性。每一个阶层都会随着时间和外围条件的变化而变化，因此具有动态可变性。

（2）社会阶层对使用者的心理影响

国外许多设计部门通过实验证明，不同阶层的人对人与物的态度各不相同，价值观也不同，因此消费行为方式有着明显的差距。但是随着时间的推移，社会阶层之间消费行为存在的差异在逐渐减小，同时，在同一社会阶层里也发现了消费行为的差异，所以在市场细分时，除了社会阶层外，还要考虑使用者收入、年龄、家庭成员构成、兴趣爱好等条件的影响。

①消费倾向和购买倾向。社会阶层的高低，首先影响着社会成员的消费观，一般而言，社会阶层高，消费欲望强，而且追逐品牌；社会阶层低的人群更加注重产品的实用性。其次，社会阶层的高低还影响着消费者的购买倾向、购买模式和消费结构，社会阶层高的人群更加注重产品的软价值，例如品位、品牌文化等因素，钟情于高档产品；社会阶层低的人群更加注重产品的基本功能。表 4-1 所示为不同阶层对产品的需求。

表 4-1　不同阶层对产品的需求

商场的特点	高阶层	中阶层	低阶层
商品价格实惠	19%	33%	65%
品种齐全	12%	42%	28%
非常时尚	69%	25%	7%

②社会阶层的信息选择。由于社会阶层的不同，彼此对消费信息的渠道选择也不同。一般来讲，低社会阶层的消费者并不会进行过多的信息调查，他们对商品的信息和价格并没有过大的选择欲望，往往只要满足使用功能，达到合理的性价比即可。而高社会阶层会对产品的质量、产地等信息考虑得比较全面，他们的购买行为和消费行为受信息的影响比较大，会考虑产品的一些品牌文化等因素。另外，在所接受的宣传媒介的形式上，各社会阶层也存在着差异，比如高阶层接受的信息会更高端一些，如网络、VIP 会员制等；低阶层可能更多地依靠传统媒介，如报纸、广播、电视等。

③消费目标的差异。不同的消费群体，有着不同的消费目标，北京市针对消费者进行的一次调研统计表明，30% 的低收入消费者在产品的选择上更注重实惠，40% 的消费者更注重品质，另外 30% 的高收入消费者追求产品的高档次，调研结果如图 4-7 所示。

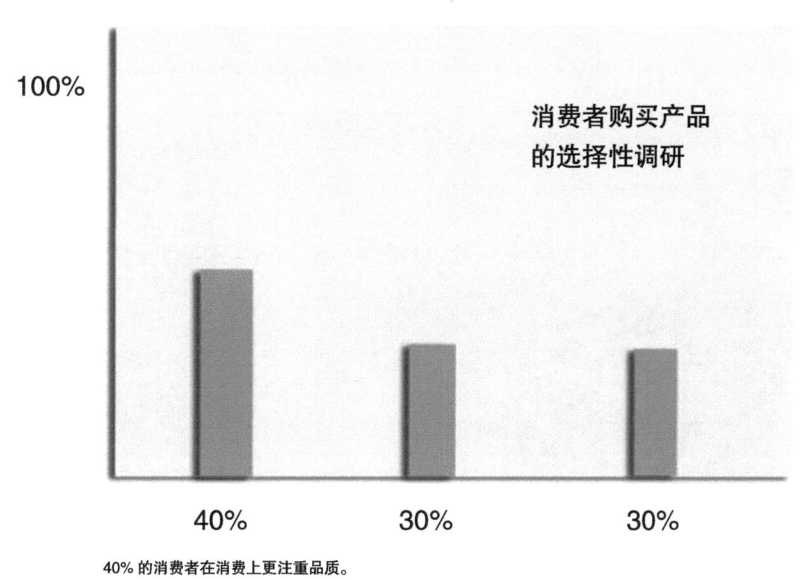

图 4-7　消费者购买产品调研

设计师必须对不同的消费者进行合理分析，针对使用者的合理需求，设计出能够满足不同层次消费者需求的产品。因此在市场细分时，将收入和社会阶层结合起来考虑会更加合理。例如，大部分消费者倾向于在符合自己身份地位的商店购买商品，而低阶层的消费者则更加关注产品的价格和实用性，而不会考虑消费地点的影响。

4. 社会现象

（1）社会现象。社会现象是指所有与人类共同体有关的活动——产生、存在和发展密切联系的对象。

（2）社会心理学。社会心理学是研究个体和群体社会心理现象的心理学分支。个体社会心理现象指受他人和群体制约的个人思想、感情和行为，如人际知觉、社会促进和社会抑制、顺从等。群体社会心理现象指群体本身特有的心理特征，如群体凝聚力、社会心理气氛、群体决策等。

（3）社会心理现象对使用者心理的影响。社会心理现象又称大众心理，它是一种群体性的心理现象，发生在组织松散、人数众多的群体中，它不像直接交往的小群体心理特征，而是间接地发生着作用。以时尚为例进行分析，我们对时尚的理解有很多种，时尚就是在特定时段内，率先由少数人实验，预计将被社会大众所崇尚和效仿的生活样式，从而在一定时期内，社会上或一个群体中普遍流传的某种生活规格或样式，它代表了某种生活方式和行为。顾名思义，时尚就是"时间"与"崇尚"的结合，在这个极简化的意义上，时尚就是短时间里一些人所崇尚的一种生活方式，这种时尚涉及生活的各个方面，如装饰风格、礼仪、消费行为、饮食、衣着打扮、居住、娱乐，甚至情感表达与思考方式等。由于多数人相互影响，迅速普及到日常生活的各个领域中。从流行时尚可以看出人的心理，就个体而言，它是一种个性追求，自我实现，试图用标新立异来展现自我的心理现象。图 4-8 所示为时尚产品设计。

（a）

（b）

图 4-8　时尚产品设计

4.5 符合使用者心理的设计方向

经济的发展使人民生活水平得到提高，消费市场的需求也发生了显著的变化，消费者逐渐意识到，需求不仅有物质的一面，更有心理的一面。过去消费者往往只看到产品设计物质的一面，例如实用功能，而忽视了心理的需求。如今，消费者不仅需要产品的使用功能，更需要满足心理的、艺术的、思想的、社会环境的需求，对产品的要求不仅局限在满足使用价值上，而更加要求产品要具备艺术价值、审美价值、情感诉求等功能，要体现消费者的品位，彰显使用者的个性。多样化市场消费，正在逐步改变传统的消费模式，由过去将追求实用廉价转变为追求个性的产品设计。更多的消费者，特别重视产品造型设计所表现出来的心理价值、社会地位、文化水准、个人审美情趣等。因此为了满足消费者的心理需求，可以遵循以下原则。

4.5.1 简约型设计

现代人群生活在复杂纷繁的社会环境中，他们工作紧张，生活压力较大，在日常生活中希望享受安逸、宁静。因此在选择日用产品上，他们更倾向于造型单纯、质朴，能让人放松的产品。因此“单纯化”的产品造型成为现代产品设计的一大趋势。

现代产品设计以简洁为美，简洁并非简单，而是要简约大方。体现在产品的整体、分量、节奏、韵律上，大多倾向于体现单纯、简朴、大方、安逸、稳重的美。这样的产品符合现代人追求简洁、宁静、纯朴的心理需求。图 4–9 所示为简约的家具设计。

图 4–9　简约的家具设计

4.5.2 时尚潮流的设计

现代社会生活中，时尚现象在消费行为中反映比较突出，消费者通过对所喜欢的事物的追求，可获得心理上的满足。随着时代的变化，经济的发展，消费者观念的更新，生活水平的提高，部分人有经济能力来“显示消费”和“显示暇闲”，这两个概念是由美国社会学家威伯伦在说明时尚现象的形成时提出的，他认为，时尚最初起源于社会上层阶级对富有和相对富有的炫耀。如今，时尚已成为大众的心理需求，各种产品设计都在围绕这一主题，以此展现人们追求个性的心理需要。图 4–10 所示为时尚产品设计。

（a）

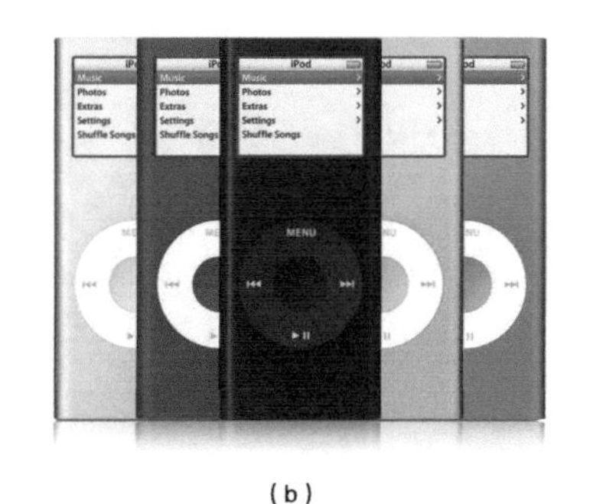

（b）

图 4–10　时尚产品设计

4.5.3 审美情趣的设计

美感是人类的高级情感，审美情趣是人类追求精神需求的体现。产品设计的美学要求是重要的心理因素之一。人的审美能力和审美情趣是与社会历史发展相一致的，反映出了相应时代的特征。各个时代都有不同的审美意识，这种意识也促使了各个时代的产品造型不尽相同。例如，远古时代彩陶的圆润、青铜器的凝重，代表了当时社会奴隶主和贵族的权势，明朝家具的简洁大方、端庄稳重，是封建社会礼教规范的反映。如今，工业社会的技术发展已经深深地影响了人们的审美意识，并反映到产品造型的时代特征上。例如，在嘈杂车间长期工作的人，喜好安定有序。所以说，人们的审美具有时代性，相应地，产品的美感设计也要符合时代性。另外，人们的审美情趣还带有民族性，西方人的情感表露比较外向，审美过程的思维成分高于情感成分；而中国人的情感表达比较内向而含蓄，审美过程以感性经验为主，因此，若以含蓄的造型进行设计，更容易被接受。图 4–11 所示为反映古代文化的古代彩陶，图 4–12 所示为反映现代时尚的产品设计。

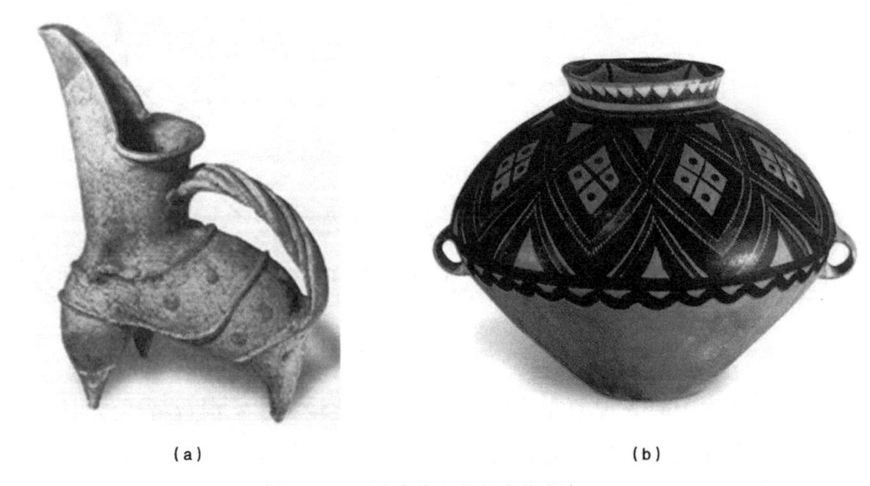

(a)　　(b)

图 4–11　反映古代文化的古代彩陶

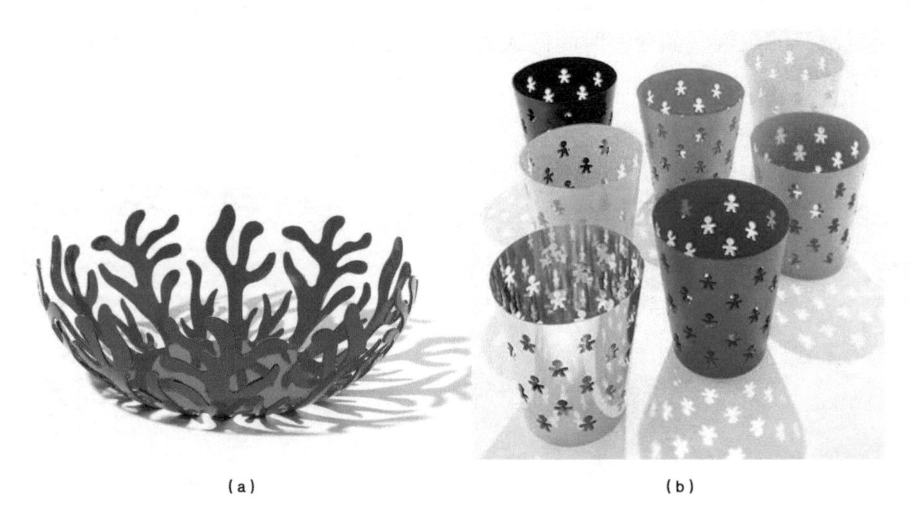

(a)　　(b)

图 4–12　反映现代时尚的产品设计

4.5.4 地位功能的设计

产品设计的心理策略，除了单纯化设计、美感设计和情感设计以外，也不能忽视产品给人带来的优越感，这种心理功能，又称作地位功能，它主要使使用者产生群体归属感。例如，一件名牌产品，价格昂贵，依然会有很多人购买，这是何种原因呢？这种产品可能质量很好，舒适，外形美观，除此以外，还有一个重要原因，就是它能显示出一种与众不同的优越感。这一心态就是追求产品的地位功能，他们期望产品的造型可以显示自己的鉴赏能力与审美能力，显示自己独特的品位和社会地位，同时又能起到炫耀的效果。

产品的地位功能设计，一般有以下 3 种方式。

（1）用稀有贵重材料或新型材料制作产品。如用金银珠宝制作的产品、裘皮制品以及用钛金属、碳纤维等新型材料制作的产品。这类产品本身具有一定的审美功能，同时以稀有金属和贵金属为材料的产品，在使用中能够显示出富有感和贵重感。图 4–13 所示为奢侈产品设计，图 4–14 所示为用稀有贵金属设计的产品。

（a）　　（b）

图 4–13　奢饰产品设计

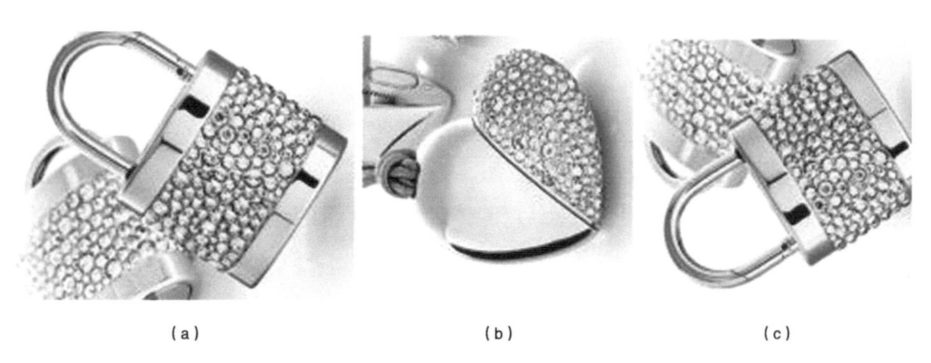

（a）　　（b）　　（c）

图 4–14　用稀有贵金属设计的产品

（2）奢华型产品。这类产品往往运用最先进的技术，产品的功能很新颖，生产工艺精致，外观华丽，售价很高，如新型汽车，高级家用电器。购买这类产品，从使用功能上来讲，比较前卫，同时满足了使用者心理需求，即体现了产品的地位功能。例如，意大利的进口高档汽车，售价极高，从使用功能与审美价值上看，不经济，但是有的使用者考虑到其地位功能，就愿意去购买。还有一些品牌商品，成本很低售价很高，但是由于品牌的功效，使得更多的消费者愿意去拥有。总之，这类产品除了具备实用性和审美性以外，更能满足一种心理需求，体现出使用者的地位价值。图 4–15 所示为高档汽车设计。

（a）

（b）

图 4–15　高档汽车设计

（3）手工艺限量产品。这类产品往往是依靠高级制作人员娴熟的技艺单纯打造的一些品牌产品，数量有限，俗称物以稀为贵。例如，一些品牌限量版产品，这类产品由于数量稀少，做工精致，价格往往极为昂贵，因此，它能体现出使用者的地位。图 4–16 所示为手工艺限量产品。

（a）

图 4–16　手工艺限量产品

（b）

（c）

图 4–16　手工艺限量产品（续）

4.6 本章总结

在本章的学习过程中，大家需要理解和记住以下 6 个知识点：①心理学和设计心理学的研究内容；②设计心理学的重要作用；③设计心理学在人机工程学中的应用；④设计心理学对工业设计的作用；⑤影响使用者的心理因素；⑥消费者的心理需求与产品设计的关系等。

通过以上知识点的学习，我们认识到在今天的产品设计实践中，优秀的产品设计无一不是利用心理策略来指导产品设计与开发的。企业和厂商只有及时把握消费者市场的变化和趋势，了解并研究消费心理活动规律，才能在产品开发上领先于竞争对手。

本章内容需要大家反复研读，通过思考与设计实践相联系，才能深入理解设计心理学在人机工程学中的应用。

4.7 本章思考与练习

1. 简述心理学研究的内容。
2. 简述心理现象、心理过程、个性心理，并举例说明三者的关系。
3. 简述设计心理学研究内容及研究对象。
4. 简述设计心理学在工业设计中的作用。
5. 简述环境因素对使用者心理的影响。
6. 简述社会阶层对使用者心理的影响，并举例说明。
7. 简述社会现象，并举例说明。
8. 阐述符合使用者心理需求的产品设计方向，并举出实际案例。

第 5 章 产品操纵装置设计

使用者在使用产品的过程中，离不开产品的操纵装置，也称产品操纵设置。工业产品设计中的操纵装置的类型有很多种，对其的设计同样遵照科学的设计原则，以确保科学安全地实现人机操作的过程。本章将对产品设计中操纵装置的种类、作用、特点以及设计原则进行全面讲解。

5.1 产品操纵装置设计

工业产品设计中的操纵装置有很多种类型，也有很多的分类方法，现实的工业产品设计中，按使用方式的不同，分为手动操作装置和脚动操作装置。

5.1.1 产品操纵装置的类型及特点

1. 旋转式操纵器

旋转式操纵器包括手轮、旋钮、摇柄、十字把手等，它们可用来改变机器的工作状态，调节或追踪操纵，具有随机可控制的特点，也可将机器的工作状态保持在规定的工作参数上。图 5-1 所示为旋转式操作器。

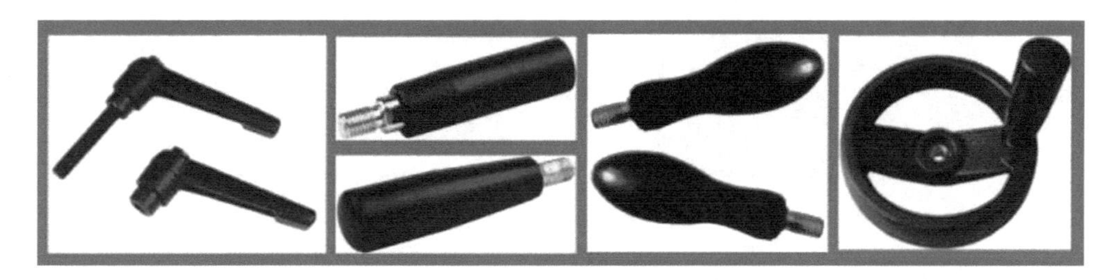

图 5-1　旋转式操纵器

2. 移动式操纵器

移动式操纵器包括操纵杆、手柄、拨动开关等，可用来将系统从一个工作状态转换到另一个工作状态。它具有操纵灵活、动作可靠的特点。图 5–2 所示为移动式操纵器。

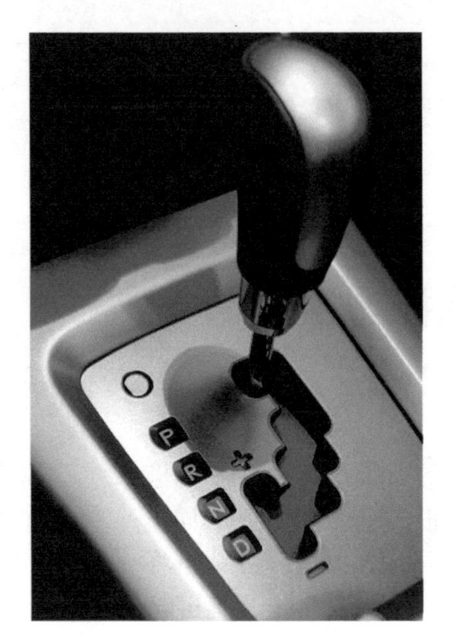

图 5–2 移动式操纵器

3. 按压式操纵器

按压式操纵器具有各种按钮、按键、键盘、钢丝脱扣器等，见图 5–3 所示，占用空间小，方便灵活。它一般只有两个工作位置——接通和断开，其特点是面积小，排列紧凑。常用在机器的开停、制动、停车控制上。随着技术的发展，科技产品的普及，按键的形式趋于多样化，越来越多的按压式操纵器被运用在电子产品上。

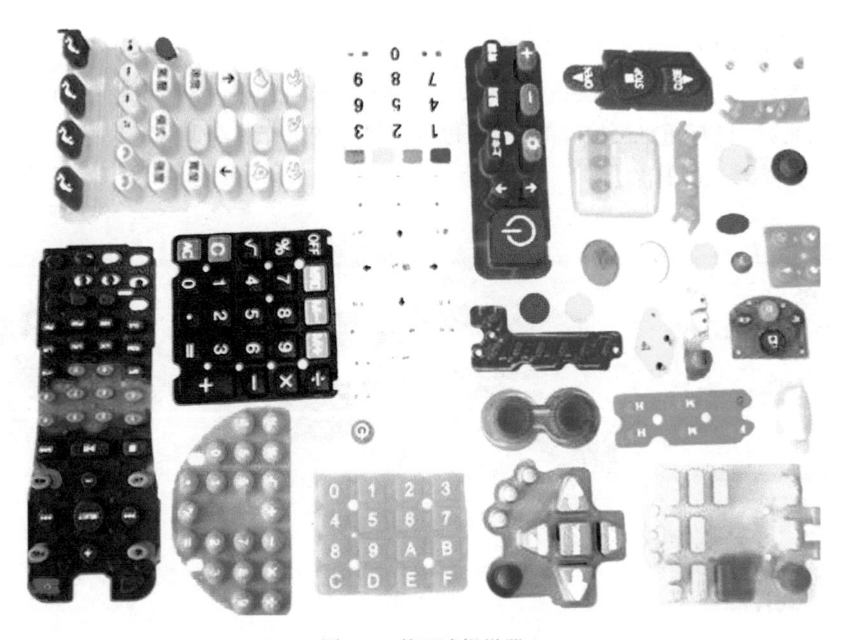

图 5–3 按压式操纵器

尽管操纵装置的类型很多，但对操纵装置的人机工程学要求是一致的，即操纵装置的形状、大小、位置、运动状态和操纵力的大小等都要符合人的生理、心理特性，以保证操作时的舒适和方便。

5.1.2 操纵装置的用力特征

在各类产品的操纵装置中，操纵器的动作需要由使用者施加适当的力和位移才能实现。因此，所设计的操纵器的承受力不能超出使用者的用力限度，并应使操纵力控制在使用者施力适宜、活动方便的范围内，以保证工作效率。

通过研究分析，使用者的操纵力不是一成不变的，它是随着施力的部位、着力的空间位置、施力的时间、环境的不同而变化的，具有动态的特点。一般来讲，使用者的最大操纵力与工作时间成反比，即使用者的最大操纵力随持续时间的延长而降低，对于不同类型的操纵器，所需要的操纵力大小各不相同，有的机器需要用最大力；有的机器不但要求用最大力，而且还要求机器运行平稳；有的机器反而需要最小力。因此，设计者要做到具体问题具体分析，对操纵器的设计，要针对不同的类型和不同的使用人群特点以及不同的使用方式来进行设计，以此保证使用者的工作效率和安全性。图 5–4 所示为与汽车产品相关的操纵器设计。

图 5–4　与汽车产品相关的操纵器设计

5.2 各类操纵器的设计

5.2.1 旋转式操纵器设计

1. 旋钮设计

旋钮是各类操纵装置中用得较多的一种，很多的产品设计都离不开对旋钮的设计。旋钮的外形特征是由它的功能决定的，根据功能要求，旋钮一般可分为 3 类；一类适合于做 360°

以上旋转操作，这种旋钮主要用于调节系统量，例如声音的大小，其外形特征是圆柱形、圆锥形；第二类适合于做 360° 以内旋转操作，它不仅用于调节系统量的大小，而且可加以限定，其外形也大多为圆柱形、圆锥形或多边形；第三类是用于指示性的旋转操作，通过不同的偏转角度指示不同的工作状态，其外形特征通常为带有指示性的形体，如三角形、长方形或指示箭头等，旋钮的造型尺度应根据人手的不同操作方式而定。同时，工作性质、操纵力的大小也是影响旋钮设计的主要因素。图 5-5 所示为旋钮设计。

(a)

(b)

(c)

图 5-5　旋钮设计

2. 手轮、摇柄设计

手轮和摇柄均可做自由连续旋转，适合多圈操作控制的产品。操纵手轮和摇柄时，必须施加适当的扭力才能旋转，而人的扭力大小与身体所处的位置和姿势有很大关系。手轮和摇柄的尺寸大小，根据用途不同也有很大区别。手轮和摇柄安置的空间位置对操作速度、精度和用力也有影响。一般来说，需要转动快的摇把，应当使转轴处于使用者前方与平面呈 60° ~ 90° 夹角的范围内。图 5–6 所示为手轮、摇把设计，图 5–7 所示为产品设计中的手轮、摇把设计。

图 5–6　手轮、摇把设计

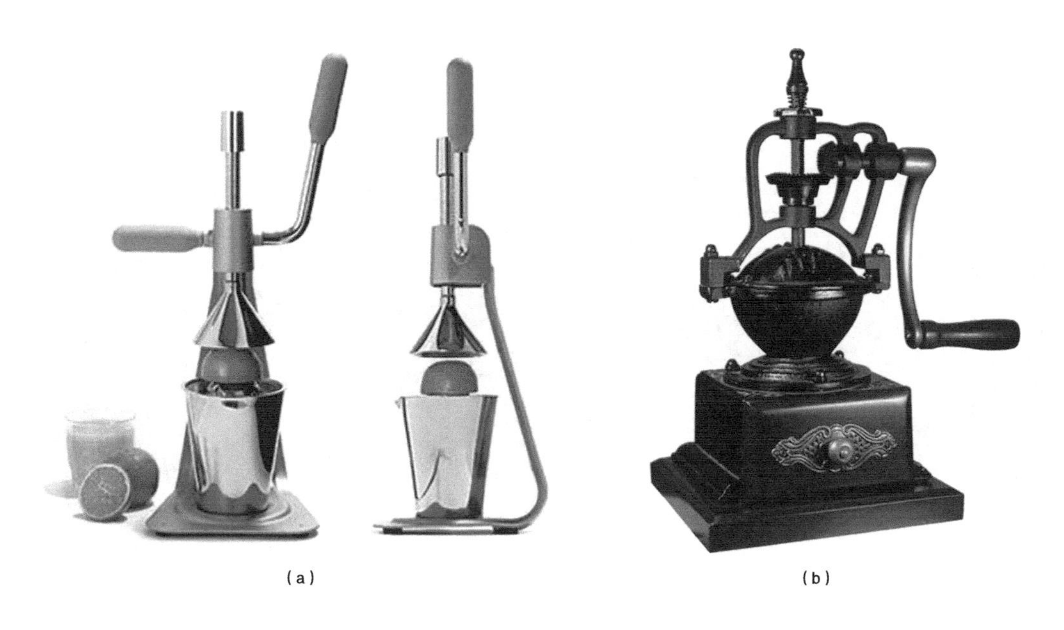

（a）　　（b）

图 5–7　产品设计中的手轮、摇把设计

图 5-7　产品设计中的手轮、摇把设计（续）

5. 2. 2 移动式操纵器设计

移动式操纵器主要有手柄、操纵杆、滑动开关等。这里主要关注手握部分的形状、尺寸及用力范围，设计时要注意手的生理结构和特点，以保证使用的方便性和工作效率。手柄一般供单手操作，其设计要求是手握舒适，施力方便，不产生滑动，同时还能控制其他的动作。当操纵力较大，空间位置较远时，用手柄操作就难以保证方便和高效，这时就需要增加操纵杆的长度，以适应新的操纵要求，操纵杆的长度与操纵频率有很大关系，一般来说，操纵杆越长，动作的频率就越低。图 5-8 所示为移动操纵装置设计。

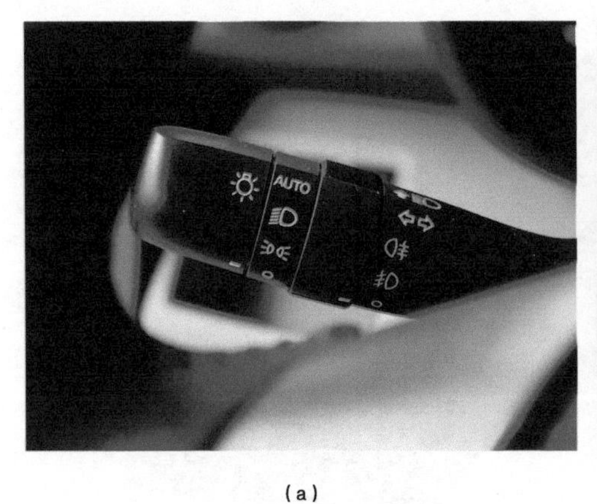

（a）

（b）

图 5-8　移动操纵装置设计

5.2.3 按压式操纵器设计

按压式操纵器主要有两大类：按钮和按键，可以实现接通、断开以及控制参数等功能。这种操纵器操作方便、灵活小巧、结构紧凑、效率高且成本低廉，因而应用范围很广泛。

1. 按钮

按钮的形状通常为圆形和矩形。其工作状态有单工位和双工位，单工位按钮是指按下之后处于工作状态，当抬起时就自动脱离工作状态，恢复原位；双工位按钮是一经按下，就一直处在工作位置，需再按一下才恢复到原位。这两种按钮在选用时应注意区别。图 5-9 所示为按钮设计。

(a)

(b)

(c)

图 5-9　按钮设计

按钮的尺寸按照人手的尺寸和操作要求而定，一般圆弧形按钮直径以 8 ~ 18mm 为宜，矩形按钮以 10mm × 10mm、10mm × 15mm、15mm × 20mm 为宜。按钮应高出盘面 5 ~ 12mm。

按钮的顶面，即与人手的接触面，应按照人的手指或手掌的生理特点进行设计，通常有凹曲面和凸曲面两种形式。曲面要光滑、柔和。如果粗糙、棱角尖挺则会给人以不舒适的感觉。

2. 按键

按键的用途极为广泛，如电脑键盘、打字机、传真机、电话机、家用电器等，都大量使用了按键。它具有节省空间、便于操作、便于记忆等特点。按键的形状与尺寸应按人手指的尺寸和指端弧度进行设计，方能操作舒适。按键为凸形时，会使人的手指触感不适；按键过低平时，会使人的手指较难感觉施力是否正确；两按键距离太近时，容易使人同时按到两个键，此时采用中间凹按键的形式较好。设计密集的按键时应考虑到使用者的手与按键接触面之间要保持一定的距离。图 5-10 所示为按键设计。

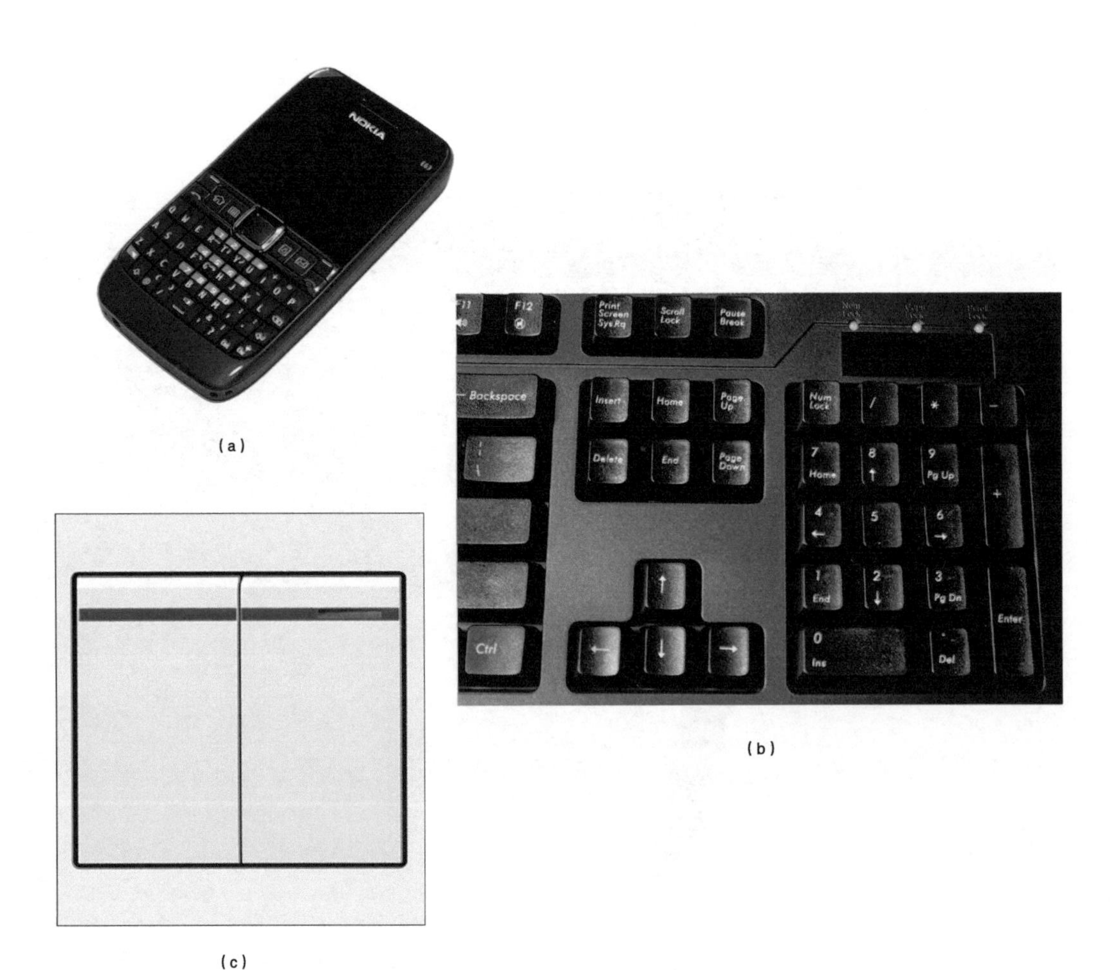

(a)

(b)

(c)

图 5-10　按键设计

5.2.4 触摸控制操纵

触控屏又称为触控面板，是可接收触头等输入信号的感应式液晶显示装置，当接触了屏幕上的图形按钮时，屏幕上的触觉反馈系统可根据预先编写的程序驱动各种连接装置，可用以取代机械式的按钮面板，同时，液晶显示屏还可展示生动的影音效果。图 5-11 所示为触摸屏幕设计。

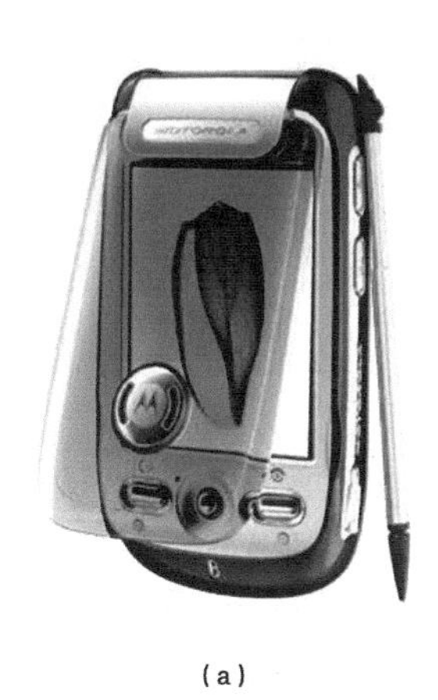

(a)

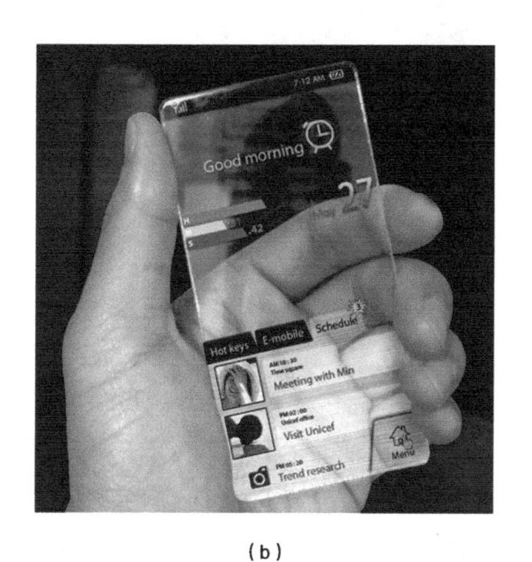

(b)

图 5-11　触摸屏幕设计

5.3 产品操纵装置的总体设计原则

5.3.1 操纵力设计原则

在常用的操纵器中，一般操作并不需要使用最大操纵力，但操纵力也不宜太小，因为用力太小，则操纵精度难于控制，同时也不能从操纵用力中取得有关操纵量大小的精确反馈信息，因而不利于正确操纵。操纵器适宜的用力往往与操纵器的性质和操纵方式有关，通常对于要求速度快而精度要求不太高的工作，操纵力应小些，而对于要求精度高的工作，操纵器应具有一定的阻力。

5.3.2 操纵与显示相配合原则

设备的操纵装置常与显示装置装配在一起，因此它们之间合理的对应关系和配合关系要适应使用者正确的操作习惯。操纵与显示的配合关系称为操纵与显示的相合性。操纵装置设计离不开显示装置的配合，操纵与显示之间配合的目的主要是减少信息加工的复杂性。例如，操纵装置与显示仪表排列时应考虑相配合的关系，同时，具有对应关系的操纵钮与显示仪表之间的相对位置排列，也要考虑到人在操纵设备的同时又能方便地观察，从而提高工作效率。图 5-12 所示为操纵装置与显示相配合设计。

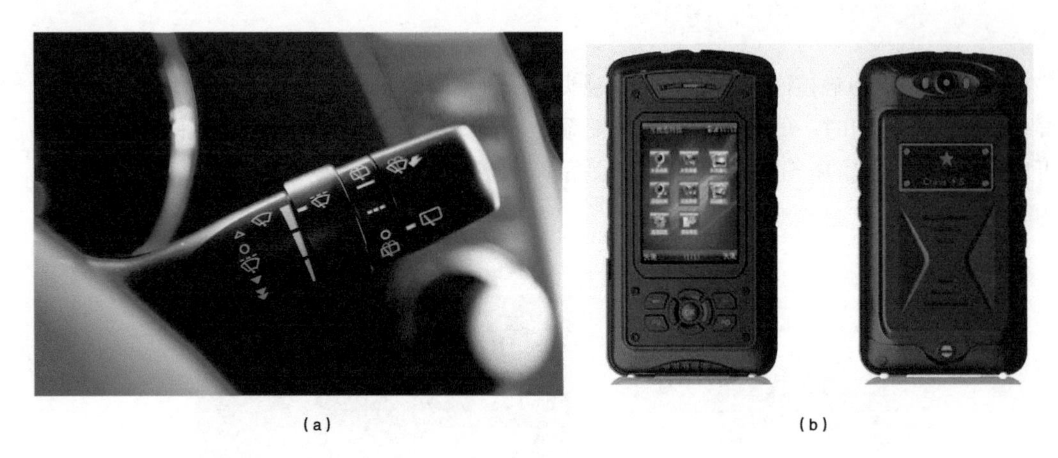

（a）　　　　（b）

图 5-12　操纵装置与显示相配合设计

5.3.3 操纵装置特征的识别原则

设计使用多个操纵器的产品时，为了减少操作失误，可按操纵器的不同功能和特征，利用形状、大小、颜色和符号进行区分和编码，以便操纵者能够快速识别各种操纵器而不至混淆。如图 5-13 所示的操纵装置设计，均进行了合理规划，这样的设计有利于操作者使用，进而提高工作效率。

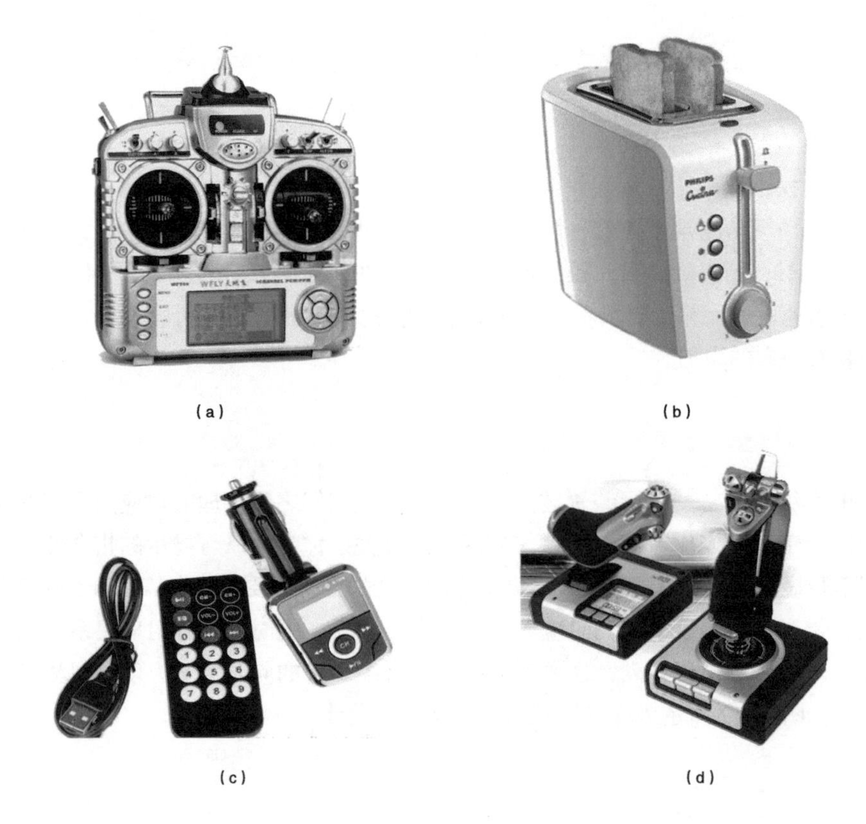

（a）　　　　（b）

（c）　　　　（d）

图 5-13　操纵装置设计

5.4 本章总结

通过本章内容的学习，我们对产品操纵装置设计有了全面的认识，有关操纵装置的内容还有很多，需要大家不断深入研究。随着时代的发展，技术的进步，人机工程学的课题也在不断发展、成熟，内容更为细密。许多在以前仅属于工业产品设计中细枝末节的问题，现在被当作一个专门的课题加以研究，如操纵系统中手柄的设计，现在已经成为专门的研发课题，根据其所属机器类型、使用场合的不同考虑不同的设计方式。例如对其形状、纹路、色彩、材质进行巧妙设计后，手柄能够更稳固、更舒适地被把握。这些都属于设计者需要潜心研究的内容。

5.5 本章思考与练习

1. 操纵装置在产品设计中起到什么作用?
2. 产品操纵装置分哪几种类型?
3. 旋转式操纵设计的特点、分类以及用力特征是什么?
4. 移动式操纵设计的特点、分类以及用力特征是什么?
5. 按压式操纵设计的特点、分类以及用力特征是什么?
6. 触摸操作的特点有哪些?请举例说明。
7. 当多种操纵装置在一起时，要考虑哪些原则?

第 6 章 产品显示装置设计

产品显示装置是人机系统中，将机器的性能参数、工作状态、指示命令等信息传递给使用者的一种重要装置。人们根据显示的信息了解和掌握机器运行情况，进而正确控制机器。因此，信息传递的质量直接影响人机系统的工作效率。在具体设计中，设计者应考虑到人的生理和心理特征，合理设计其结构形式，使人与显示装置之间达到充分协调的状态，使人能准确、迅速地读取信息，并减轻精神紧张和身体疲劳状态，科学安全地实现人机操作过程。本章将对产品设计中的显示装置的种类、作用、特点以及设计原则进行全面讲解。

6.1 图形符号设计

6.1.1 图形符号的特征

在现代信息显示中，各种类型的图形和符号被广泛应用，这是由于人在感知图形符号信息时，辨认的信号和辨认的客体之间存在着形象上的直接联系，这使人更容易接收信息并提高接收速度。由于图形和符号具有形、意、色等多种刺激因素，因而传递的信息量大，抗干扰力强，易于被接受，所以它也是最经济的信息传递形式。

信息显示中所采用的图形和符号是经过对显示内容的高度概括和抽象处理而形成的，使得图形和符号与显示标志客体间具有相似的特征。它们简洁清晰，具有特定的形象，便于识别和辨认。

实验表明，图形符号的辨认速度和准确性，主要与图形和符号的特征数量相关，并不是图形和符号越简单越容易辨认。实验应用有 3 类图形符号：第一类为简单的，它们只有必需的特征，只按形状（三角形、六角形等）辨认；第二类为中等的，除主要特征外还有辅助特征（外部的和内部的细节）；第三类为复杂的，它们有若干个彼此混淆的辅助特征（一般为 2 个）。实验结果证明，辨认简单符号和复杂符号一样，比辨认中等符号需要的时间更长，准确性更低。因此在设计图形与符号时，要注意充分反映其显示特征，而不能将图形和符号变成简单的图案，要最简练地表达出客体的基本的特征，做到简明、概括、形象，才能使操作者快速精确地辨认。图 6–1 所示为国际通用图形符号，图 6–2 所示为常见图形符号。

（b）国际聋哑人电信通信设备符号

（a）国际残疾人通道符号

（c）国际聋哑人通道符号

图 6–1　国际通用图形符号

（a）

（b）

图 6–2　常见图形符号

(c)

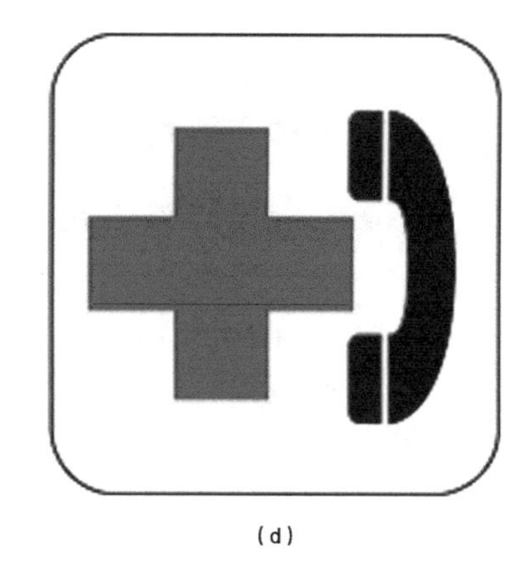
(d)

图 6–2　常见图形符号（续）

在信息显示中所采用的图形符号，大多用于指示操纵控制系统或操作部位的操作内容和位置。形象化的图形和符号显示也有个自的局限性，当要求更精确地显示时，图形和符号就不能单独胜任，还需用其他显示元素加以补充，例如可以配以灯光色彩等辅助设计，达到信息传达的全面性。

6. 1. 2 图形符号的应用

图形和符号广泛应用于工业、农业、商业、交通运输、物资管理、环境保护等方面。它已作为一种高度概括、简练、形象生动的通用信息载体来传递各种信息。

图形符号的优点在于形象生动、简洁概括，避免了文字的烦琐，例如交通运输和大型机器作业，具有运动速度快、作业精度要求高的特点，因此要求操作者的注意力要时刻集中在观察目标上，以便快速准确地接受并完成各种信息提示的操作。在这种情况下，采用大量形象、醒目的图形和符号，便于操作者迅速感知所显示的信息。图 6–3 ~ 图 6–7 所示为图形符号的具体应用情况。

图 6–3　图形符号在交通中的应用

图 6–4　图形符号在指示牌的应用

图 6–5　列车车厢内图形符号的应用

图 6–6　公共场所内图形符号的应用

图 6–7　图形符号在电子产品上的应用

6. 2 仪表显示设计

实际生产和工作中常用的显示装置有视觉显示器、听觉显示器及触觉显示器。其中以视觉显示器所占比例最大，仪表又是视觉显示装置的重点，下面对仪表装置进行讲解。

6. 2. 1 仪表显示的种类及特征

仪表是信息显示器中极为重要的一种视觉显示器，在产品设计中应用广泛，一般可按其显示形式和显示功能分类。

1. 按显示形式分类

仪表按显示形式可分为数字式显示器和模拟式显示器两大类。

（1）数字式显示器。其是直接用数码显示信息的仪表，如各种数码显示屏、电子数字记数器等。这类显示器的特点是显示简单、直观准确，可显示各种参数和状态的具体数值，对于需要计数和读取数值的作业来说，这类显示器具有认读速度快、精度高，且不易产生视觉疲劳等特点，电子表、电子计时器、电子测量仪等产品均采用数字显示器，如图 6–8 所示。

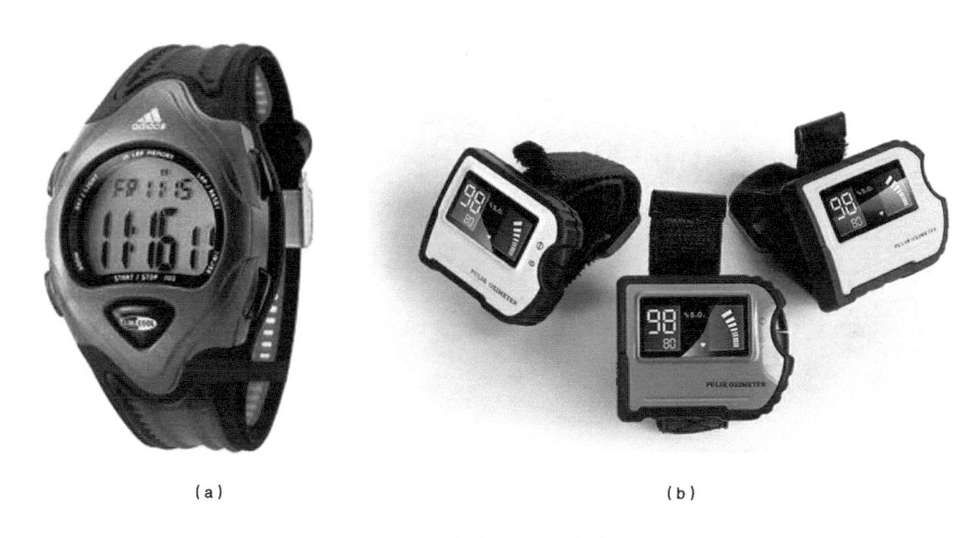

（a）　　　　　　　　（b）

图 6–8　数字式显示器的应用

（2）模拟式显示器。模拟式显示器用标定在刻度盘上的指针来显示信息，如图 6–9 所示，使信息形象化、全面化、直观化。如常见的机械手表、电流表、电压表、转速表等。这类显示器的特点是能连续、动态地反映信息的变化趋势，使人对数字进程一目了然，其还能给出偏差量和偏差方向，监控的效果好，从而有利于使用者对数值做出判断，利于操作。

（a）　　　　　　　　（b）

图 6–9　模拟式显示器的应用

2. 按显示功能分类

按仪表的显示功能可分为读数用仪表、检测用仪表、警戒用仪表、追踪用仪表和调节用仪表。

（1）读数用仪表。读数用仪表是用具体数值显示机器的有关参数以及相应状态的仪表。凡要求提供准确的测量值、计量值和变化值时，宜采用此类型仪表，图 6–10 所示的是汽车上的时速表。

（a）

（b）

图 6–10　读数式仪表显示装置设计

（2）检测用仪表。检测用仪表用以显示系统状态参数偏离正常值的情况。一般无需读出确切数值。这类仪表宜采用指针运动的表盘式显示器，如图 6–11 所示。

图 6–11　检测用仪表

（3）警戒用仪表。警戒用仪表用以显示机器是处于正常区、警戒区还是危险区。在显示器上可用不同颜色或不同图形符号将警戒区、危险区与正常区区别开来，如用绿、黄、红 3 种颜色分别表示正常区、警戒区、危险区。为避免照明条件对分辨颜色的影响，分区标志可采用图形符号，如图 6–12 所示。

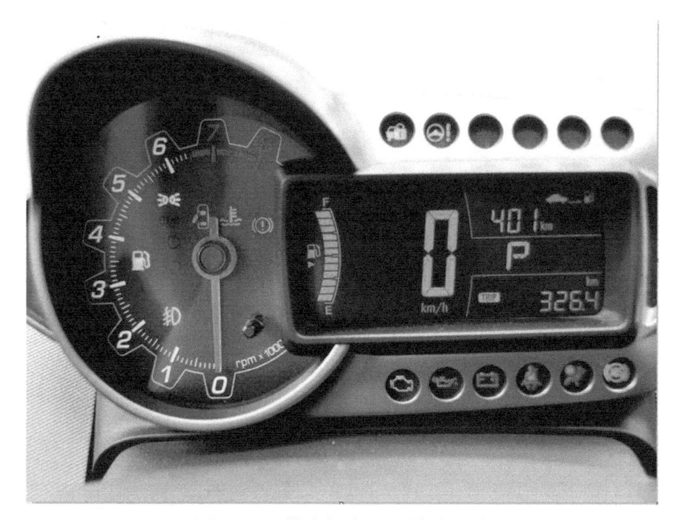

图 6–12　警戒仪表显示装置设计

（4）追踪用仪表。追踪操纵是动态控制系统中最常见的操纵方式之一，追踪用仪表根据显示器所提供的信息进行追踪操纵，以便使机器按照所要求的动态过程工作。因此，这类显示器必须显示实际状态与需要达到的状态之间的差距及其变化趋势，宜选择直线形仪表或指针运动的圆形仪表。

（5）调节用仪表。调节用仪表只用于显示操纵器调节的数值，而不显示机器系统运行的动态过程。一般采用指针运动式或刻度盘运动式，最好采用可由操纵者直接控制指针的结构形式，例如一些家用电器的数值调节装置，如图 6–13 所示。

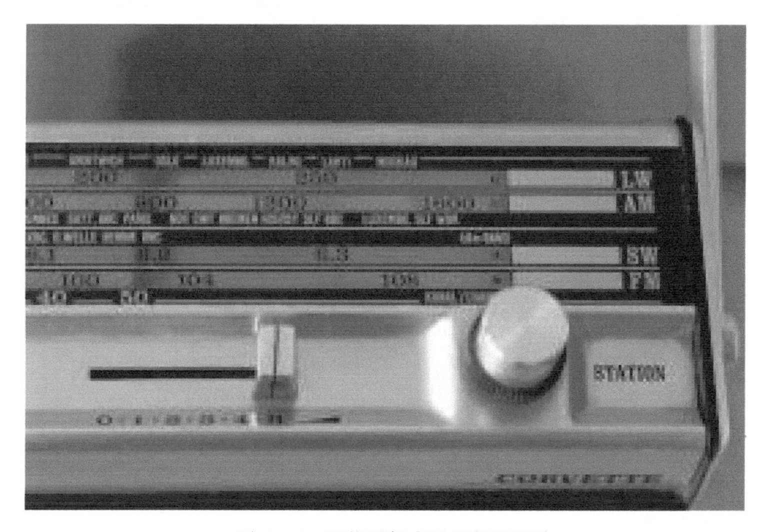

图 6–13　调节用仪表显示装置设计

6.2.2 仪表显示装置选择

仪表显示装置的作用是让操作人员观察、接受、理解、处理和反馈来自生产过程中的信息，对产品使用过程进行监控，进而正确操纵生产过程以达到预定的目的。以常用的视觉显示装置为例，最重要的是要使操作者能在短时间内准确地观察到数据信息。因此，选择视觉显示装置应注意以下原则。

1. 数字识读仪表的选择

这类仪表以数字直观读取为主，多利用电子管显示数据，数量识读应选择数字显示装置，它具有精度高和识读性好的优点。此外，面对儿童与老年人，宜多选用数字显示，以方便读取。具体应用有数字电压表、电阻器，电控装置上采用数码管显示的计时器，机械装置上采用的机械数字显示器、电子手表等，如图 6–14 所示。

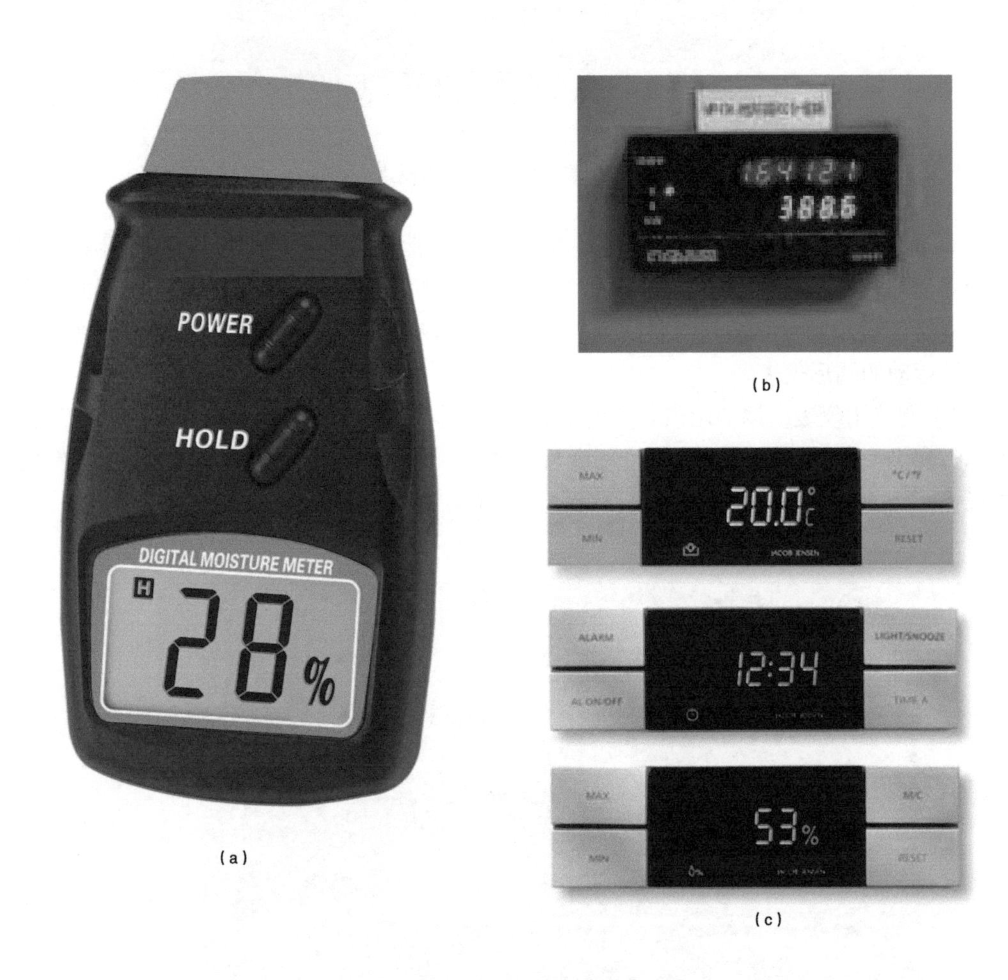

图 6–14　数字显示仪表的应用

2. 状态识读仪表的选择

状态识读仪表只需向操作者显示被测对象的参数变化状态：指示该参量在哪一范围是正常状态，哪一范围是不正常状态；被测对象的参数是增加了还是减少了，偏离给定值的哪一侧，等等。因此，状态识读通常选用指针式仪表，如汽车的仪表盘，飞机和列车的操纵盘等。图 6–15 所示为操纵车间内的仪表装置设计。

图 6-15　操纵车间内的仪表装置设计

6.2.3 模拟式显示仪表盘设计

采用模拟式显示器，更有利于操作者迅速而准确地接受信息。对飞机驾驶员对仪表的错误反应分析表明，真正由仪表故障引起的错误反应不到 10%。不少错误反应是由仪表设计不当所引起的，例如，使用多针式指示仪表，看似减少了仪表个数，实际上由于指针不止一个，增加了误读的可能性，其错误反应超过 10%。因此，设计模拟式显示器应考虑的人机工程学问题是：仪表的大小与观察距离是否比例适当；仪表盘的形状大小是否合理；刻度盘的刻度划分，数字和字母的形状、大小以及刻度盘色彩对比是否便于监控人员迅速而准确地识读；根据监控者所处的位置，仪表是否布置在最佳视区范围，等等。

1. 仪表表盘尺寸要求

仪表表盘设计的内容包括刻度盘的形状和大小，仪表表盘的大小取决于刻度盘上标记的数量以及观察距离，这两者都会影响认读的速度和准确性。以圆形表盘为例，当表盘上的标记数量过多时，为了提高清晰度，需相应增大表盘尺寸。表盘的最佳直径与监控者的视角有关，当表盘的尺寸增大时，其刻度、刻度线、指针和字符等均增大，这样可以提高清晰度，但表盘尺寸不是越大越好，因为当尺寸过大时，眼睛的扫描路线过长，反而影响认读速度和准确性。当然，表盘尺寸也不能过小，过小会使刻度标记密集而不清晰，不利于认读，效果同样不好。

在试验中发现，当表盘直径从 25mm 开始增大时，认读的速度和准确性相应提高，误读率下降；当直径增加到 80mm 以后，认读速度和准确度开始下降，误读率上升；直径为 30 ~ 70mm 的刻度盘在认读的准确度上没有什么差别。因此，由最佳直径和最佳视角便可确定最佳视距，或已知视距和最佳视角便可推算出仪表表盘的最佳直径。实验结果表明，圆形表盘的最优直径是 44mm。表 6-1 所示为圆形刻度盘直径的大小与认读速度、准确率的关系，图 6-16 所示为合理尺寸的表盘设计。

表 6-1 圆形刻度盘直径的大小与认读速度、准确率的关系

仪表表盘的直径（mm）	眼球注视的平均数	观测刻度盘的平均时间（s）	观测刻度盘的总时间（s）	平均反应时间（s）	读错率（%）
25	2.8	0.29	0.82	0.76	6
44	2.6	0.26	0.72	0.72	4
70	2.9	0.26	0.75	0.73	12

图 6-16 合理尺寸的表盘设计

2. 仪表表盘形状设计

表盘的形状主要取决于仪表的功能和人的视觉运动规律。以数量识读仪表为例，其指示值必须能使读者精确、迅速地识读。实验研究表明，不同形式表盘的识读率亦不同，开窗式刻度盘优于其他形式，因为开窗式仪表显露的刻度少、识读范围小，可使操作者视线集中，在识读时眼睛移动的路线也短，所以，误读率低。设计开窗式仪表时，要求刻度无论转至任何位置，都要能在观察窗口内看到相邻的刻度线，否则会影响精确性。圆形或半圆形表盘的识读效果优于直线表盘，因为眼睛对圆形、半圆形的扫描路线短，视线也较为集中，所以识读准确。水平直线形优于竖直直线形的原因，是由于水平直线形更符合眼睛的运动规律，即眼睛水平运动比垂直运动快，准确度也高。图 6-17 所示为合理尺寸的仪表设计，图 6-18 ~ 图 6-22 所示为各种形状的表盘。

图 6–17　合理尺寸的仪表设计

图 6–18　圆形表盘

图 6–19　开窗式表盘

图 6–20　半圆形表盘

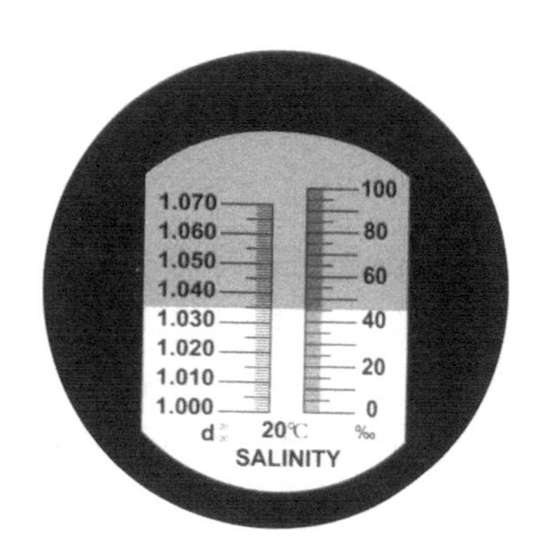

图 6–21　垂直形式表盘

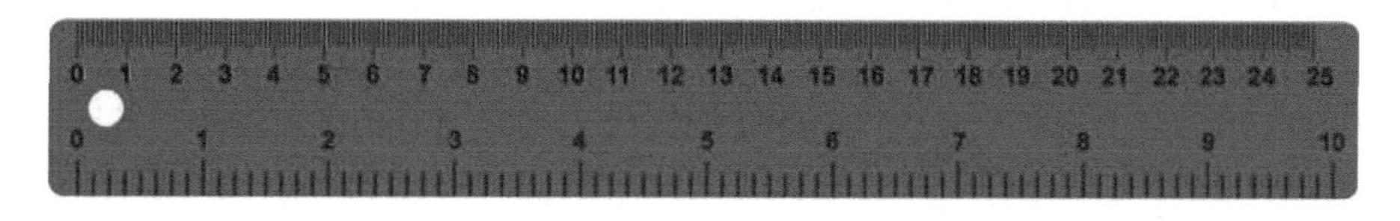

图 6–22　水平形式表盘

6.2.4 模拟式显示仪表刻度设计

刻度盘上刻度线之间的距离为刻度，刻度的大小根据人眼的最小分辨能力来确定。通常在人眼直接观测时，刻度的最小值不应小于1mm，当刻度小于1mm时，误读率急剧增加，因此，取值范围一般在1~2.5mm，必要时也可取4 ~ 8mm。采用放大镜读数时，刻度的大小一般取1 / x mm（x为放大镜放大倍数）。刻度的最小值还受所用材料的限制，钢和铝的最小刻度为1mm；黄铜和锌白铜为0.5mm。

1. 刻度线设计

识读速度、识读准确性还与刻度的大小、刻度线的类型、刻度线的宽度和刻度线的长短有关。刻度线的类型一般有长刻度线、中刻度线和短刻度线，其比例一般为2：1.5：1或1.7 : 1.3：1。刻度线的宽度取决于刻度的大小，当刻度线宽度为刻度的10%左右时，读数的误差最小，一般可取刻度间距的5% ~ 15%，普通刻度线通常可取0.1mm ± 0.02mm；远距离观察时可取0.6 ~ 0.8mm，精密刻度可取0.015 ~ 0.1mm。刻度线长度与观测距离的关系如表6–2所示。

表6–2　刻度线长度与观测距离的关系

观测距离（m） 刻度长线（mm）	< 0.5	0.5 ~ 0.9	0.9 ~ 1.8	1.8 ~ 3.6	3.6 ~ 6
长刻度线	5.5	10	20	40	67
中刻度线	4.1	7.1	14	28	48
短刻度线	2.3	4.3	8.6	17	29

刻度方向是指刻度值的递增顺序方向，通常根据显示信息的特点及人的视觉习惯来确定。刻度方向必须遵循视觉规律，水平直线型应从左至右；竖直直线型应从下到上；圆形刻度应按顺时针方向安排数值。图6–23所示为表盘刻度及刻度线设计。

2. 刻度标数

仪表上的刻度必须标上相应的数字，才能使人更好地认读，并且数字在刻度盘上的位置应与观察者的视觉习惯相适应，尽量做到清晰、明了和方便认读。刻度单位是定量显示数值的表示方式，每一刻度值所代表的测量值应尽量取整数，避免采用小数或分数；必要的时候可以利用放大镜，以方便使用者读取数值，如图6–24和图6–25所示。

在刻度盘上标度数字应遵守下述原则：一般情况下最小刻度不标数，最大刻度必须标数。指针运动盘面固定的仪表所标注的数字应直排；盘面运动指针固定的仪表标注的数字应辐射定向安排；指针在仪表面内侧时，如果仪表盘面空间足够大，则数字应在刻度的外侧，以避免被指针挡住；指针在仪表外侧时，数字应标在刻度的内侧；开窗式仪表的窗口应能显示出被指示的数字及相邻的两个数字，标数应顺时针辐射定向安排。为了不干扰对显示信息的识读，刻度盘上除了刻度线和必要的字符外，一般不加任何附加装饰。

（a）

（b）

（c）

图 6–23　表盘刻度及刻度线设计

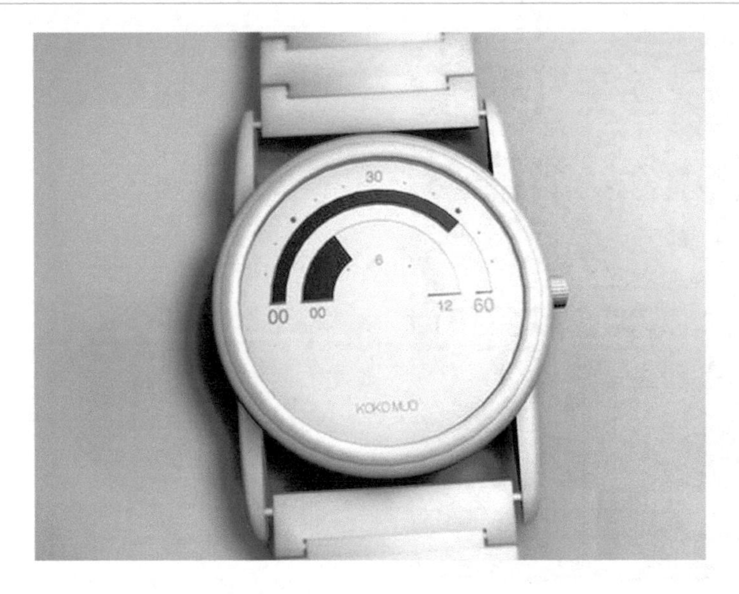

图 6–24　表盘刻度与标数设计

图 6–25　表盘刻度与标数设计（带放大镜）

6.2.5 模拟式显示仪表指针设计

指针是仪表不可缺少的组成部分，其功能是用于指示所要显示的信息。为了使操作人员能准确而迅速地获得信息，指针的大小、宽窄、长短和色彩等必须符合操作人员的生理与心理特征。图 6–26 所示为常见指针形状。

1. 指针长度

在刻度指针式仪表中，指针可分为运动指针和固定指针。指针长度如过长，覆盖了刻度会不利于读数；当然也不宜过短，否则会使指示不准确。通常指针端点距刻度线为 1.6mm 左右，指针与刻度盘面的距离不宜过大，否则视线与刻度盘面不垂直时会产生视差和误读，影响认读准确性。

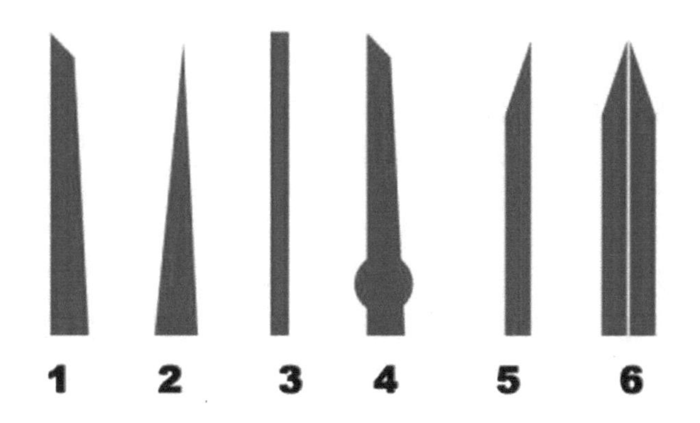

图 6–26　常见指针形状

2. 指针形状

指针形状应以明确、简单为好，指针尖部宽度要与最细刻度线相对应，如图 6–27 所示。

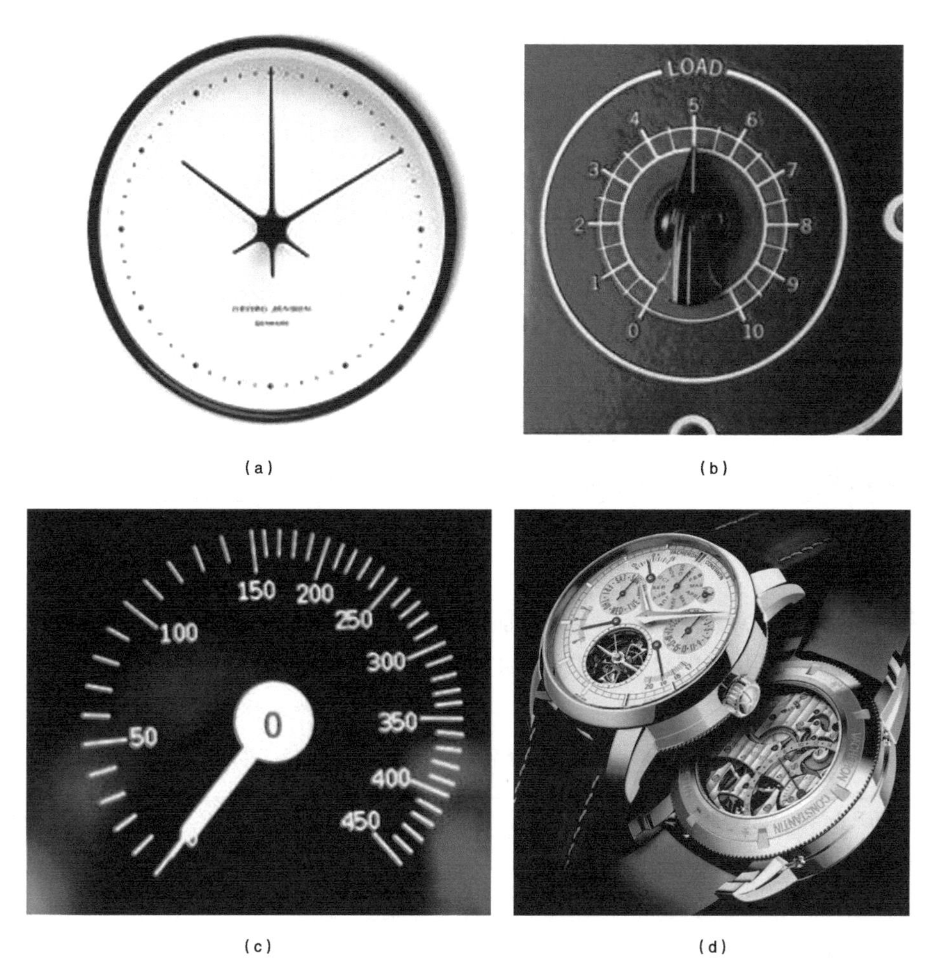

图 6–27　指针形状

6.2.6 模拟式显示仪表字符设计

仪表刻度盘上印刻的数字、字母、汉字和一些专用的符号统称为字符。由于刻度的功能通过字符来传达信息，字符形状、大小和位置又直接影响着识读效率，因此字符的设计应力求能清晰地显示信息，给人以深刻的印象。

1. 字体设计

字体是数字式显示仪表设计中的主体内容，字体的形状、大小及与其他因素的相互关系都是影响认读的重要因素。字体的形状应尽量简明易认，使用拉丁或英文字母时，一般情况应用大写印刷体。使用汉字时，最好是仿宋字和黑体字的印刷体。因为这些字体都比较规整、清晰，容易辨认。

字体的大小也直接影响辨认效率，字体所占面积越大，所占视角也越大，单个字的辨认效率较优。但是面积太大，占用空间也就越大，许多字组合在一起时，辨认效率反而会下降，所以字体的大小应适当。

字体的高度与宽度之比一般可采用 3 ∶ 2 ～ 5 ∶ 3 的比例，这种比例的字形在正常照度下易辨认，若在暗光线下采用发光字体时，则用 1 ∶ 1 的方形字为好，并配以光线照明。

当字体的大小确定后，笔画的宽度可根据不同的照度条件、对比度、认知度及精确度的要求来确定。照明较强时，笔画可稍宽，反之则应细一些；黑底白字和发光字体的笔画可稍细。此外，进行字符形体设计时，为了使字符形体简明醒目，必须加强各字符的特有笔画，突出“形”的特征，避免字体的相似性。如图 6-28 所示，“3”字的设计，图（a）与图（c）的 3 与 8 很接近，易产生混淆；图（b）的 3 不易与 8 混淆，但不易确认；相比之下，图（d）中的数字既不易混淆，又便于确认。图 6-29 所示为数字字体设计，表 6-3 所示为通常字体与仪表字体的字体特征。

表 6-3 字体的特征

字体名称	字体	白天平均误读率（相对）	照明条件下误读率（相对）
通常字体	正体数字	100%	163.3%
仪表字体	斜体数字	36.7%	117.5%

2. 字符的比例

字符的比例要注意合理、舒适，使人能准确观察到字符信息。笔画宽与字高之比还受照明条件的影响，其比值的推荐值如表 6-4 所示。表 6-5 所示为适用于仪表盘的字符大小参考值。

表 6-4 不同照明条件和对比度下字体的粗细

照明条件和对比度	字体	笔画宽与字高的比值
低照度	粗	1 ∶ 5
字母与背景的明度对比较低	粗	1 ∶ 5
明度对比值大于 1 ∶ 12（白底黑字）	中粗至中	1 ∶ 6 ～ 1 ∶ 8

续表

照明条件和对比度	字体	笔画宽与字高的比值
明度对比值大于 1 ： 12（黑底白字）	中至细	1 ： 8 ~ 1 ： 10
黑色字体位于发光的背景上	粗	1 ： 5
发光字体位于黑色的背景上	中至细	1 ： 8 ~ 1 ： 10
字母具有较高的明度	极细	1 ： 12 ~ 1 ： 20
视距较大，而字母较小	粗至中粗	1 ： 5 ~ 1 ： 6

表 6–5　适用于仪表盘的字符大小参考值

字符的性质	低照度下（最低 0.1cd / m^2）	高照度下（最低 3.4cd / m^2）
重要的（位置可变）	5.1 ~ 7.6	3 ~ 5.1
重要的（位置不变）	3.6 ~ 7.6	2.5 ~ 5.1
不重要的	0.2 ~ 5.1	0.2 ~ 5.1

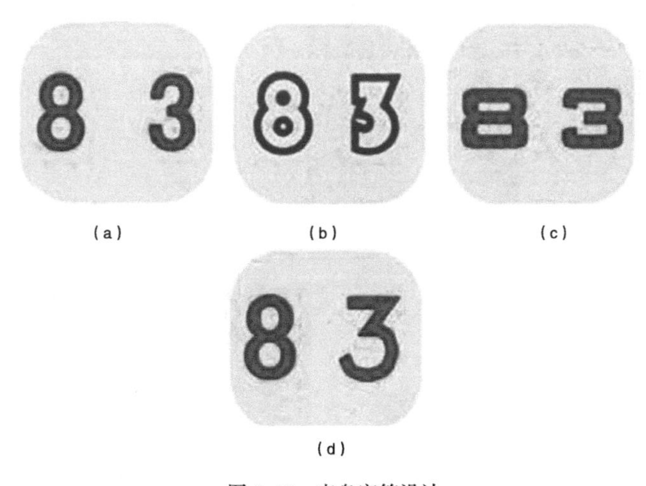

图 6–28　表盘字符设计

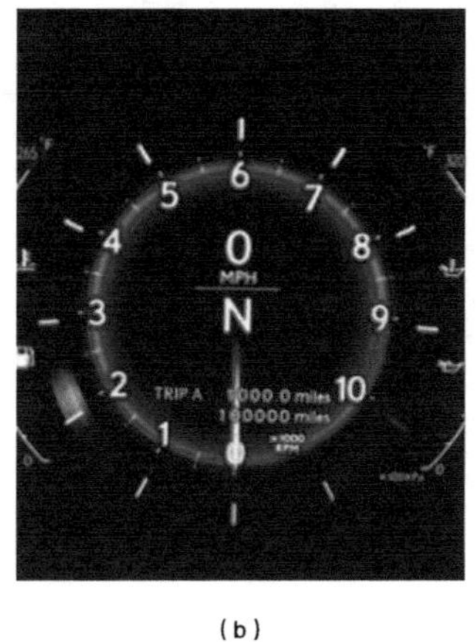

（a）　（b）　（c）

图 6–29　数字字体设计

6.2.7 仪表色彩匹配

刻度盘、指针、数字之间的色彩匹配关系要以提高人眼的视觉认知度为原则。配色要求醒目、条理性强，避免颜色过多而造成混乱，同时还要充分考虑仪表在使用过程中与环境之间的配色，使总体效果舒适、明快。图 6–30 所示为仪表色彩匹配。

为了精确地读取数值，指针、刻度线和字符的颜色应与刻度盘的颜色有鲜明的对比，即选择最清晰的配色，避免模糊的配色。墨绿色和淡黄色仪表盘面分别配上白色和黑色的刻度时，其误读率最小。而灰黄色仪表盘面配白色刻度线时，其误读率最大，不宜采用。此外、大刻度线和小刻度线的颜色不同时，则较容易读取。表 6–6 所示为颜色的搭配与清晰程度。

(a)

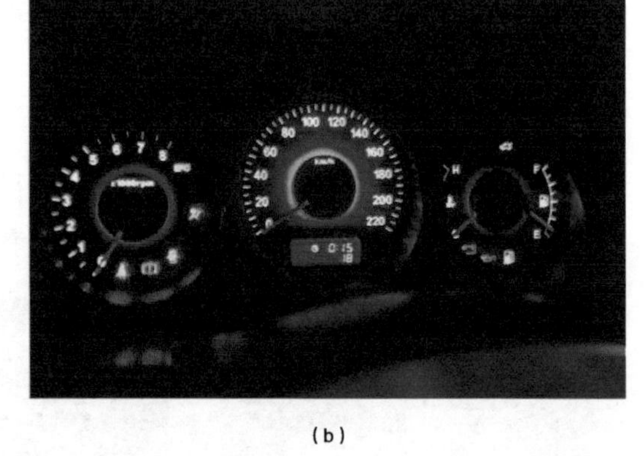

(b)

(c)

图 6–30　仪表色彩匹配

表 6-6　颜色的搭配与清晰程度

清晰的配色										
序号	1	2	3	4	5	6	7	8	9	10
背景色	黑	黄	黑	紫	紫	蓝	绿	白	黑	黄
主体色	黄	黑	白	黄	白	白	白	黑	绿	蓝
模糊的配色										
序号	1	2	3	4	5	6	7	8	9	10
背景色	黄	白	红	红	黑	紫	灰	红	绿	黑
主体色	白	黄	绿	蓝	紫	黑	绿	紫	红	蓝

6.2.8 产品仪表显示的总体设计原则

1. 仪表的总体布局

（1）仪表板面的认读范围。根据试验，人在距离仪表板面为 800mm 视距情况下，当眼球不动，水平视野 20° 范围内为最佳认读范围，其正确认读时间为 1 秒左右；当水平视野达到 24° 时，正确认读时间急剧增加，因此 24° 以内为最佳认读范围。在认读范围超过 24° 时，需转动头部或眼球，正确认读时间达 6 秒左右。仪表的分区布置原则是，一般常用仪表应布置在 20° ～ 40° ；最重要的仪表应设置在视野中心 3° 以内，40° ～ 60° 允许设置次要仪表；超过 80° 不设置仪表。

（2）仪表板面的布局形式。为了使仪表显示的信息能最有效地传达给人，在仪表板面的总体布局上应使每个仪表都处在人视野观察的最佳位置上，并且尽量保持视距相等。因此在设计仪表板面布局的总体形式时，应当使观察者在少运动头部或眼睛，以及在不移动座位的情况下，就可方便地认读全部仪表。当仪表数量较少时，可采用直线排列；当仪表数量较多时，可采用弧形排列或弯折形排列。

2. 仪表的总体排列原则

当多个仪表同时排列在同一板面时，应注意以下事项。布局图例如图 6-31 所示。

（1）仪表之间距离不宜过大，以便缩小搜索视野的范围。

（2）仪表的空间排列顺序应与它在实际操作的使用顺序一致，并与它们之间的逻辑关系相一致。

（3）较多仪表排列时，应根据不同的功能划分区域，以使显示的信息明确、清楚、高效。

（4）仪表的排列规律应适应人的视觉运动特征，如水平运动比垂直运动幅度快，因此仪表水平排列范围可宽于垂直排列范围。

（5）仪表零点位置要一致，即同一板面仪表群体在无信号或正常状态下，其指针的方位应统一，这样当其中一个仪表显示信号时，有利于操作者及时发现。

（6）仪表的排列还应与操纵和控制它们的开关和旋钮等保持相互对应的关系，以利于操纵与显示的相合。

(a)

(b)

图 6–31　仪表表盘总体布局图例

6.3 信号显示设计

6.3.1 信号显示特征及作用

视觉信号是指由信号灯产生的视觉信息，其特点是面积小、视距远、视觉效果强烈、引人注目。但信息内容有一定限制，要求操作者要能够理解其含义，避免当信号过多时引起的视觉信息杂乱和视线干扰。

信号显示有两个作用，一是指示作用，即引起操作者的注意，提示操作，具有传递信息的作用。二是显示工作状态，即反映机器设备操作指令、某种操作模式或某种运行过程的执行情况。在大多数情况下，一种信号只用来指示一种状态或情况，例如，进行设备信号设计时，警示信号灯用来指示操作者注意某种不安全因素；故障信号灯则指示某一机器或部件出了故障等。要利用灯光信号来很好地显示信息，就应按人机工程学的要求和规范来设计信号灯。图 6–32 所示为信号指示灯设计。

(a)

图 6–32　信号指示灯设计

（b）

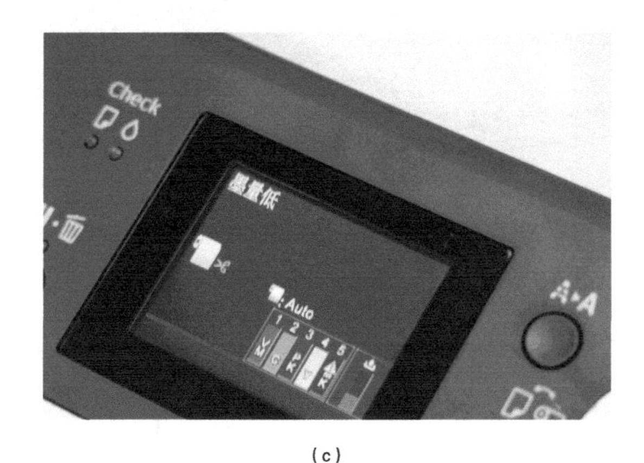

（c）

（d）

图 6–32　信号指示灯设计（续）

6.3.2 信号显示色彩设计

信号可以通过不同的颜色达到显示各种状态的目的。对这些颜色的使用逐渐形成了一定的规范。

红色表示危险、警戒、禁止、停顿或指示不安全情况，要求立即处理的状态。

黄色表示提醒、警告，表明条件、参数、状态发生变化或变得危险及临界状态。

绿色表示安全、正常工作状态或停止状态，还可表示机器的预置状态和准备状态。

蓝色表示某些参数的特殊作用，而这些参数在上述的颜色中没有表达出来，蓝色也常与其他颜色配合使用。

白色一般不专门表明任何一种特殊功能和作用。

除可用颜色表明各种状态外，还可配以必要的图形和文字加以综合说明，如配以表示“禁止”“前进”“后退”“通行”“暂停”等的图形或文字，如图 6–33 ~ 图 6–35 所示。

图 6–33　交通信号灯设计

图 6–34　电子产品信号灯设计

图 6–35　操作信号灯设计

6.3.3 信号灯的位置

信号灯应布置在良好的视野范围内，便于观察者发现信号，避免必须转头或转身才能发现的情况。当显示装置的板面上有多个仪表和信号显示时，应按功能的重要程度合理区分，并避免仪表与信号灯之间的互相干扰。如强亮度的信号灯应离弱照明的仪表远些，以免影响对仪表的认读。当必须靠近时，信号灯的亮度与仪表照明的亮度相差不应过大。当有多个信号灯同时使用时，应尽量对主要信号和次要信号加以区分。

6.3.4 闪光信号

闪光信号较之固定光信号更能引起注意。闪光信号通常应用在以下 4 个方面：指示操作者紧急采取行动；反映不符合指令要求的信息；用闪光的快慢表示机器运行速度；用以指示警戒或危险情况等。

6.4 产品显示装置设计的基本原则

1. 准确性原则

设计显示装置的目的是为了使人能准确地获得需要的信息，正确地操作机器设备，保证安全，避免事故。因此要求显示装置的设计，尤其是数量认读的显示装置的设计应尽量做到读数精确。读数的准确性可通过类型、大小、形状、颜色匹配、刻度、标记等要素合理科学的搭配来实现。

2. 简洁性原则

简洁是数据认读的重要因素，为了读数迅速、准确，显示装置应尽量以简单明了的方式显示所传达的信息，传递信息的形式应尽量直接表达信息的内容，以减少在认读过程中出现错误，这就要求产品的界面大方简洁，不要用无用的装饰干扰操作者视线。

3. 一致性原则

要使指示过程符合人的习惯，一般选用顺时针方向，显示器的指针运动方向与机器本身或其控制器的运动方向一致，可恰当配以符号、色彩、图形等元素。例如，显示器上的数值增加，就表示机器作用力增加或设备压力增大；显示器的指针旋转方向应与机器控制器的旋转方向一致。此外，应尽量使信息显示符合多数国家、地区或行业部门的标准和习惯。

4. 排列性原则

显示器的装配位置或几种显示器的排列位置也需认真考虑，应遵循以下原则。排列方式举例如图 6-36 所示。

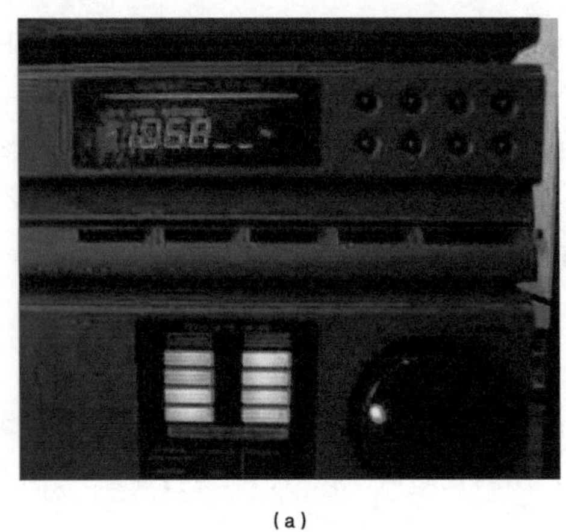

（a）

（b）

（c）

图 6-36　指示灯排列

（1）最常用的和最主要的显示器尽可能安排在视野中心，在此范围之内，人的视觉效率最优，最能引起人的注意，也最符合人的视觉习惯。

（2）当显示器很多时，应该具有主次效应，要按照它们的功能分区排列，区域之间应有明显的界线。

（3）不同的显示区域应尽量靠近，以缩小整体视野范围，使重点区域集中紧凑。

（4）显示器的排列应当适合人的视觉特征。例如，人眼的水平运动比垂直运动快，因此显示器的水平排列范围应比垂直方向大，可以形成一个椭圆形的大型仪表盘，使各仪表都能面向操作人员，提高读数的准确程度。此外，要达到好的视觉效果，在光线暗的地方，必须安装合适的照明设备。

6.5 本章总结

通过本章的学习，大家已经对显示装置的分类、特征、作用及设计原则有了全面了解。需要注意的是，多数情况下显示装置要与操纵装置结合设计，要根据机器类型、使用场合的不同来调整设计方案，其形状、尺寸、色彩、材质都需要设计者专心研究。

6.6 本章思考与练习

1. 举例说明图形符号的分类及作用，以及图形符号在产品设计中的应用。
2. 产品显示装置是如何进行分类的？每一类别的具体特点是什么？
3. 模拟仪表设计对表盘有哪些要求？
4. 模拟仪表设计对刻度有何要求？
5. 如何设计模拟仪表的字体？举例说明。
6. 产品仪表排列布局应注意哪些事项？
7. 产品信号显示的特征及作用是什么？
8. 产品信号显示设计有哪些注意事项？

Chapter 7

第 7 章 人机界面设计

人机界面设计是人机工程学中重要的学习内容。在本学科中，“机”所代表的不是简单的机器与设备，而是涵盖了诸多内容；这里的人也不是单个“生物人”，不能单纯地以人的生理特征进行分析。人的尺度，既应有作为自然人的尺度，还应有作为社会人的尺度，既研究生理、心理、环境等因素对人的影响，也研究人的文化、审美、价值观念等方面的要求和变化。因此，人机界面的研究在人机工程学科中有着重要的作用。

7.1 设计界面基本概念

7.1.1 设计界面的含义

设计界面存在于人与物的信息交流之中，甚至可以说，包含人与物信息交流的一切领域都属于设计界面，它的内涵要素是极为广泛的，可将设计界面定义为设计中所面对、所分析的一切信息交互的总和，反映着人与物之间的关系。设计是人造物的内部环境即人造物自身的物质和组织，和外部环境即人造物的工作或使用环境的结合。所以设计是将人造物内部环境与外部环境相结合的学科，这种结合是围绕人来进行的。“人”是设计界面的一个方面，是认知的主体和设计服务的对象，而作为对象的“物”，则是设计界面的另一个方面。它是包含着对象实体、环境及信息的综合体，就如我们观看一件产品、一座建筑物，它展示的不仅有使用功能、材料质地，也包含设计者对文化的理解、内涵的思考、科学观念的认知。因此，任何一件作品的内容，都必须超出作品中所包含的个别物体的表象。分析“物”也就分析了设计界面存在的科学性和多样性。如图 7-1 所示的建筑物，我们不仅欣赏它的外观，更会通过外观体会它的文化精神。

图 7–1　鸟巢体育馆设计

7.1.2 设计界面的必要性

前面的章节已经讲到，当机械大工业发展起来的时候，人们为研究如何有效操纵和控制机械的问题，提出了人机工程学概念。第二次世界大战后，人们的劳动方式逐渐由简单的体力劳动转向复杂的脑力劳动，人机工程学的研究领域也进一步扩大到人的思维能力的设计方面，即“使设计能够支持、解放、扩展人的脑力劳动”。如今已是知识经济时代，人们在满足了物质需求的情况下，越来越追求自身个性的发展和情感的诉求，这就要求设计者必须要着重对人的情感需求进行思考。

随着技术的发展，设计因素趋于多样化和复杂化，从而导致设计评价标准更加多元化。目前，我国大部分企业还没有真正做到尊重设计。在设计研发和承受力还不是很强的情况下，如何系统地认识和评价设计，使其符合市场，符合用户的需求，这需要设计部门对设计界面进行再认识，提高对产品界面研究的重视，使设计条理化、系统化、合理化。

7.2 人机界面研究

7.2.1 人机界面含义

人机界面是指人与机器之间相互施加影响的区域。人机系统则是指由相互作用、相互依赖，并处于特定环境中的“人”和“机”组合构成的系统，是具有特定功能的有机整体。

人机系统中所讲的“机”是一个广义的概念，它是指机器设备、生活用品、劳动工具等使用对象。“人”就是使用者，因此“人”和“机”通过两者之间的“信息显示—信息读取”与“控制输入—运动执行”的过程，来实现信息交流和控制活动，即称之为人机交互过程。在这种交互过程中，起到传递和交流的媒介就称之为人机界面，也可以理解为参与人机信息交流的一切领域都属于人机界面。如前面章节讲解到的图形符号设计、显示装置设计及操纵装置设计等，这些内容有机地结合在一起，就是人机界面的设计内容。人机界面设计如图 7–2 所示。

图 7–2　人机界面设计

7.2.2 人机界面分类

人机界面包含硬件人机界面和软件人机界面，人机交互过程是在人机界面上完成的，如信息交互与传递。因此，人机界面设计直接影响到人机关系的合理性和人机交互效率。

1. 广义的人机界面

广义的人机界面通常指一切处于人机系统中，用于完成“人”与“机”之间的信息传递与转换的媒介，也称之为硬件人机界面。

机器的各种信息显示都作用于人，人通过媒介来完成信息传达，实现信息传递；人通过视觉和听觉等感官接收来自机器的信息，经过人脑加工、决策后做出反应。人机界面影响着人机系统的合理性。图 7–3 所示为广义的人机界面。

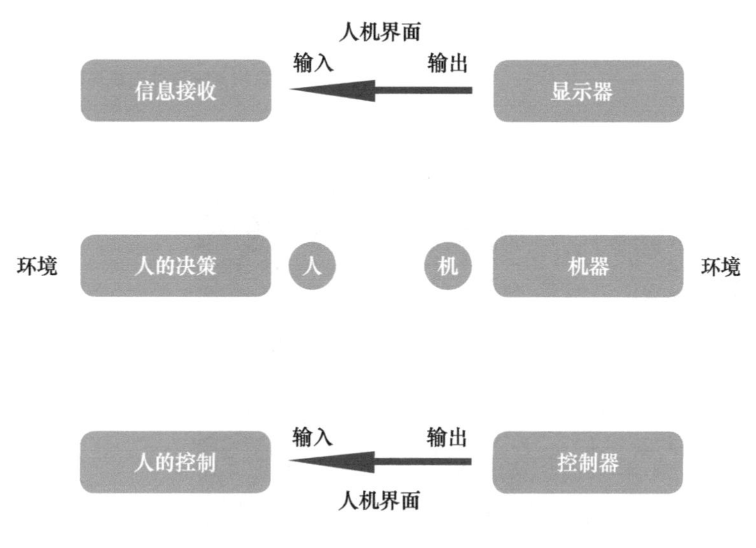

图 7–3　广义的人机界面

2. 狭义的人机界面

狭义的人机界面是指计算机系统中的人机界面，指人—计算机系统中，人和计算机交互作用的界面，又称作人机接口。所谓用户界面，是计算机科学中研究的内容之一，也称之为软件人机界面。图 7–4 所示为狭义的人机界面，图 7–5 所示为计算机系统软件人机界面设计，图 7–6 所示为游戏软件人机界面设计。

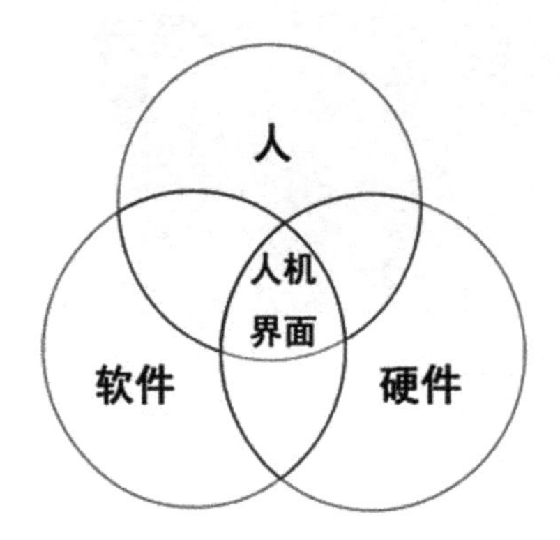

图 7–4　狭义的人机界面

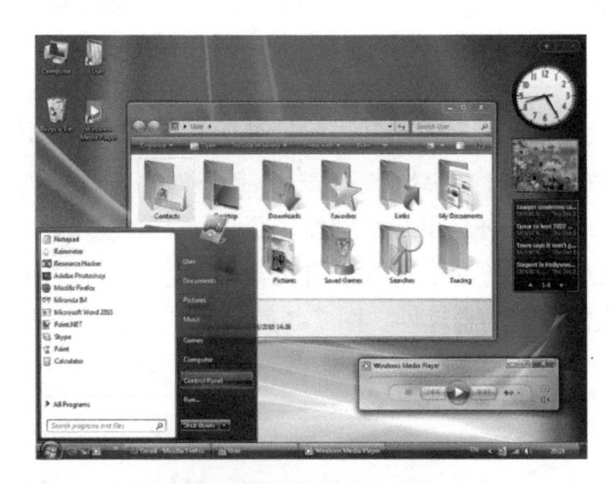

图 7–5　计算机系统软件人机界面设计

图 7–6　游戏软件人机界面设计

7.3 人机交互

7.3.1 人机交互的含义

人机交互是指人与机器的交互，本质上是人与计算机的交互，从更广泛的角度理解，人机交互是指人与含有计算机的机器之间的交互。具体来说，就是用户与含有计算机机器之间的双向通信，以一定的符号和动作来实现，如击键、移动鼠标以控制显示屏幕上的符号与图形等。这个过程包括几个子过程：识别交互对象，理解交互对象，把握对象情态，信息适应与反馈等。人机界面是指用户与含有计算机的机器系统之间的通信媒体或手段，是人机双向信息交互的支持软件和硬件。这里界面定义为通信的媒体或手段，它的物化体现是相关的支持软件和硬件，如带有鼠标的图形显示终端等。

7.3.2 人机交互与人机界面的关系

交互是人、机与环境作用关系状况的一种描述。界面是人与机器、环境发生交互关系的具体表达形式。交互设计是从属于产品系统的，是对成功产品设计的一种强有力的支持与完善。如果利用系统论的观点，交互设计是从属于产品设计系统的子系统。可以这样理解，人机交互是实现信息传达的情境刻画，而人机界面是实现交互的媒介。在交互设计子系统中，交互是内容和灵魂，界面是形式和躯干；然而在大多的产品设计系统中，交互和界面都只是解决人机关系的桥梁，不是最终目的，其最终目的是通过合理优秀的界面及人机交互解决和满足使用者的需求。

7.4 产品人机界面设计

7.4.1 产品人机界面设计定义

产品人机界面是指人与产品之间相互施加影响的区域，参与人与产品信息交流的一切领域都属于产品人机界面。现代产品的设计不仅要考虑机器本身的功能，还要考虑机器与人、机器与环境之间的关系。这样就产生了两条边界：人—机器、机器—环境，而人机工程学就是研究“人—机器—环境”的学科。

人与机器共同工作，人有人的特性，机器有机器的特性，要设计出能最大限度地方便人使用的产品，就要充分研究两者的特性，这样才能设计出良好的人机界面。人机工程学在对人的特性进行详细研究的基础上制定了一系列的设计准则，用来指导产品的设计，主要是完成人和产品之间的界面设计。图 7–7 所示为设计界面要素。

相互联系，互为整体

图 7-7　设计界面要素

7.4.2 产品人机界面设计功能

1. 完成产品物质功效

这类人机界面设计也可称为功能性人机界面，是指接受物即产品的功能信息传达，操纵与控制物的设计，同时也包括外在形式的设计，即外形设计、材料运用、科学技术的应用等。这一界面反映着设计与人造物的协调关系。图 7-8 所示为完成产品物质功效的人机界面设计。

(a)　(b)

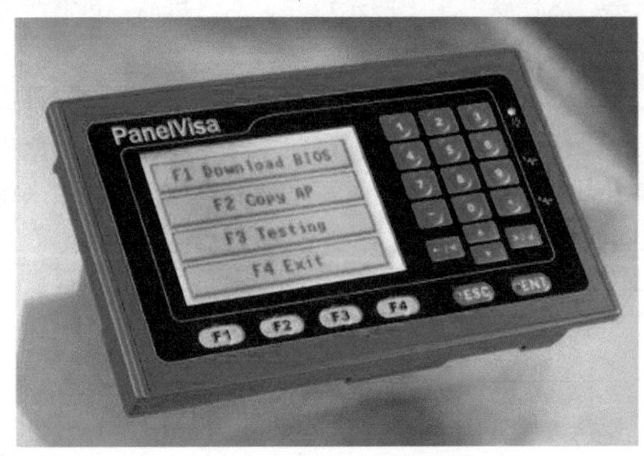

(c)

图 7-8　完成产品物质功效的人机界面设计

2. 完成产品精神功效

这类人机界面也可称为情感性人机界面。产品除了具有使用功能外，还兼具传递情感的功能，以取得与人的感情共鸣。这种感受的信息传达存在着确定性与不确定性的统一。情感把握在于激发使用者的感情，而不是个人的情感抒发，这一界面反映着设计与人的情感关系。图 7–9 所示为完成产品精神功效的人机界面设计。

(a)

(b)

(c)

图 7–9　完成产品精神功效的人机界面设计

例如，一个家装饰品可以带来温馨感，一幅平面作品可以给人以触动，一件文化产品可以体现某种文化价值，其实任何一件产品或作品只有与人的情感产生共鸣才能为人所接受，“敝帚自珍”正体现着人的感情寄托，也是设计作品的魅力所在。

3. 体现社会文化

这类人机界面也可称为环境性人机界面，其是指外部环境因素对人的信息传递，任何一个产品都不能脱离环境而存在，环境的物理条件与精神氛围是不可忽视的界面因素。

任何设计都要与环境因素相联系，包括社会、政治和文化等综合领域。环境性因素一般处在非受控与难以预见的变化状态。联系设计的历史，我们可以利用艺术社会学的观点去认识各时期的设计潮流。18 世纪起，西方一批美学家已注意到艺术创造与审美趣味深受地理、气候、民族、历史条件等环境因素的影响，法国实证主义哲学家孔德曾指出："文学艺术是人的创造物，原则上是由创造它的人所处的环境条件决定的。"法国文艺理论家丹纳认为"物质文明与精神文明的性质面貌都取决于种族、环境、时代三大因素"。无论工艺美术运动、包豪斯现代主义或 20 世纪 80 年代的反设计运动等都反映出环境因素的影响。

环境性界面设计所涵盖的因素是极为广泛的，包括政治、历史、经济、文化、科技、民族等因素，这些方面的界面设计正体现了设计艺术的社会性。

上文说明了设计艺术界面存在的特征因素，说明在理性与非理性上都存在明确、合理、有规则、有根据的认识方法与手段。成功的作品都能完善地处理好这 3 个方面。如贝聿铭设计的卢浮宫扩建工程，功能性处理得很好，没有屈从于形式而损害功能；但同时又通过新材料及形式反映了新的时代特征及美学倾向，这是环境性界面处理的典范。人们观看卢浮宫，不是回到古代，而是以新的价值观去重新审视、欣赏。它的三角形外观符合了人们的心理期望，这是情感性界面处理的极致，如图 7-10 所示。

图 7-10　卢浮宫扩建工程

总体来讲，设计界面是以功能性界面为基础，以环境性界面为前提，以情感性界面为重心而构成的，它们之间形成有机的联系，相互影响，融为一体。

7.4.3 产品人机界面设计类别

为了更好地理解人机界面，可以根据人机系统理论，将其分为 4 类，这样有助于考察设计界面的多种因素。当然，设计界面的划分是不可能完全绝对的，彼此之间在含义上也可能交互与重叠，如地域文化是一种环境性因素，但它带给人们的却是发自内心的情感因素。

1. 基于人机感官的人机界面设计

例如，人的视觉有视角、视野、可视光波范围、颜色分辨力、视觉灵敏度、定位错觉、运动错觉、视觉疲劳等特性，汽车的挡风玻璃、仪表板和仪表的设计就要充分考虑这些特性，使驾驶者能有足够的视区，能够迅速辨认各种信号，减少失误和视觉疲劳。交通标志的设计也应该采用大多数人能明辨的颜色和不易产生错觉的形状。

2. 基于人机形态的人机界面设计

地区和人种不同、年龄和性别不同，人们的身体尺寸也不同，设计汽车时就要参考特定对象的人体参数。在现代社会条件下，想以一种产品规格占有不同地区的市场是很难的。人在生活和劳动中具有各种不同的姿态，人体在不同的工作姿态下，全身的骨头和关节处于不同的相对位置，全身的肌肉处于不同的紧张状态，心脏负担不同，疲劳程度也不同。设计一台机器首先要考虑使用者采用什么姿态来操纵，还要考虑以最舒适的方式对人体进行支撑，并适当地布置操作对象的位置，从而减少疲劳和误操作。例如，司机在驾驶汽车的时候采用坐姿，座椅的设计要符合人体骨骼的最佳轮廓，仪表的布置应在易于看到的地方，操纵杆 / 板的位置要在人体四肢灵活运动的范围内。

3. 基于力学特性的人机界面设计

人体在不同的姿态下，用力后的疲劳程度不同，因此操纵机器所需的力量应该选择在对应姿态下不易引起疲劳的范围内。例如，转向助力器就是为了减轻操纵力而设计的。人体在不同的姿态下，最大拉力、最大推力也不相同，例如人在坐姿下腿的蹬力在过臀部水平线下方 20° 左右较大，操纵性也较好，所以刹车踏板就安装在这个位置上。人体在不同的姿态使用不同的肌肉群进行工作，动作的灵活性、速度和最高频率都不相同，例如腿的反复伸缩具有较低的频率，而手指则可以用较高的频率进行敲击。因此，对应不同的操纵频率的工作应采用不同的动作方式来完成。

4. 基于人脑特性的人机界面设计

人脑对事物的认识和反应有自己的特点，体现在人的行为和对外界的反应中。人喜欢用直觉处理事情，不善于控制烦琐的过程和做精确的计算。对于协助人脑进行工作的计算机，如何进行人机界面的设计一直是热门的论题。无论是从低级语言到高级语言，再到面向对象、面向任务的编程方式的发展，还是图形终端、鼠标定位、窗口系统、多媒体、可视化、虚拟现实等方面技术的发展，都体现了这个主题。近年来，人工智能已经在汽车上得到应用，车载电脑可以协助驾驶者认路、换档、避碰……在东京国际车展上展出的丰田 POD 概念车还能记录车主的生活习惯和驾车习惯，以便向车主提供更加贴心的服务。可以毫不夸张地说，现代社会中，成功的机器产品设计不能没有人机工程学的帮助。

7.5 产品人机界面的应用方法及设计原则

7.5.1 产品人机界面的应用方法

产品设计界面所包含的因素是极为广泛的，运用中要有所侧重、有所强调。设计因素虽多，但它仍是一个不可分割的整体。它的结果是物化的形，这个形代表了时代、民族等方面的意识，并最终反映出人的心理活动。界面设计的核心是设计分析，设计师要对社会环境进行深入的认识与考察，明确所设计的作品是否符合人们的消费预期，是否能满足人们的审美标准。设计不是一成不变的，分析方法也不是一成不变的，界面的设计同样是在人与物的信息交流中变化发展的。

7.5.2 产品人机界面的设计原则

1. 合理性原则

该原则用来保证人机系统设计基础的合理与明确。任何设计方案都要有定性的和定量的分析，都是理性与感性思维相结合的产物，设计者应努力减少非理性因素，以定量优化为基础，在功能正确、数据成系统的基础上，进行严密的理论分析和设计实践。

2. 动态性原则

设计者要有四维空间或五维空间的运作观念。一件作品不应仅仅是二维的平面或三维的立体，也要有时间与空间的变换、情感与思维认识的演变等多维因素。

3. 多样化原则

设计因素应有多样化的考虑。当前，人们获取设计资料的途径越来越广泛。但是如何获取有效信息，如何分析设计信息，这些都要求设计者具备创造性思维与方法。

4. 交互性原则

界面设计要强调交互过程。一方面是物的信息传达，另一方面是人的接受与反馈，设计者要对任何物的信息都能很好地认识与把握。

5. 共通性原则

把握各类界面的协调与统一。在工业设计中所有信息的传达和界面设计，都应注意形式感与转送方式的互通与协调，其设计语言最好是国际性的与通用的。图 7–11 所示为人机界面设计的实际应用。

图 7–11　人机界面设计

7.6 本章总结

通过本章内容的学习，我们对产品人机界面设计有了全面的认识。使用者可通过控制器将自己的决策信息传递给机器，实现人机信息传递。人机界面的设计主要是指显示、控制以及两者之间关系的设计。人机界面的色彩、区域都要符合人机信息交流的规律和特性。同时设计者要牢记显示的方位变化、控制器的位移，色彩的改变等。人机界面的设计依据始终是系统中的人。

随着工业生产智能化技术的发展，人机工程学在人机界面的设计上有了更人性化的要求与变化。在人机界面设计中，要求人机界面功能与形式更好地统一，从而获得最大的经济效益、情感效益和审美效益。这也为人机工程学提出了新的课题，将有力地推动设计的发展。

7.7 本章思考与练习

1. 人机界面的设计概念是什么？
2. 人机界面包含哪几种类型？它们各具有什么特点？
3. 产品人机界面设计的应用原则是什么？
4. 如何理解产品人机界面中的交互性原则？举例说明。

第 8 章
人机色彩设计

生活不能失去色彩，产品设计亦不能缺少色彩，没有色彩的产品将是没有活力的。无论是面对市场的竞争，还是面对消费者的审美需求，色彩设计在人机系统中都是相当重要的环节，它不仅决定了产品的外观，更在消费者的使用安全和舒适程度体验上起到至关重要的作用。随着时代的发展与设计观念的提升，人们对人机工程学中产品设计色彩的研究越来越关注。

8.1 色彩基本理论

8.1.1 色彩原理

色彩是光的一种形式，是电滋波谱的组成部分。色彩本身是没有灵魂的，它只是一种物理现象，但经过设计师巧妙的设计，我们却能感受到色彩的情感，这是因为我们长期生活在一个充满色彩的世界中，积累了许多视觉经验。一旦视觉经验与外来色彩刺激发生一定的反应，就会在人的心理上引起某种心理效应。在产品设计领域，精心设计的色彩已经成为一项重要的产品营销内容。

色彩是视觉系统在光的照射下所做出的一种反应，色彩视觉是光的物理属性和人的视觉属性的综合反映。前者是客观因素，后者为主观因素，缺一不可。色彩是由于某一波长的光谱投射到人的视觉系统中，引起视网膜内色觉细胞兴奋产生的视觉现象，对发光物体的色彩感觉，取决于发光体所辐射的光谱波长；对不发光物体的色彩感觉，取决于该物体所反射的光谱波长，不同波长的可见光引起人们不同的色彩感觉。图 8–1 所示为视觉成像原理，图 8–2 所示为光谱波长示意图。

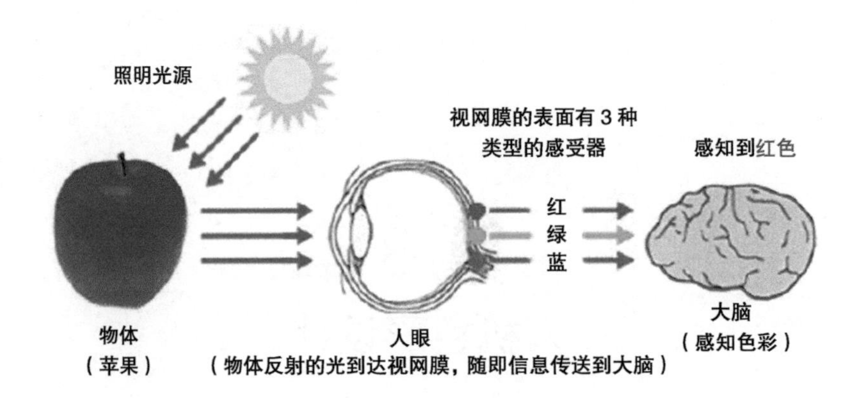

图 8–1　视觉成像原理

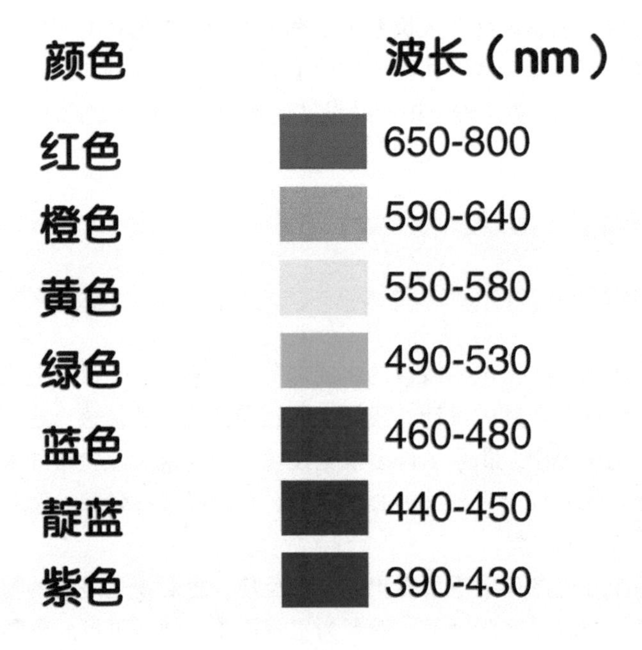

图 8–2　光谱波长示意

8. 1. 2 色彩的基本特性

色彩可分为彩色系列和无彩色系列。无彩色系列是指黑色、白色及介于黑与白之间而产生的灰色。彩色系列是指无彩色系列以外的各种色彩，彩色颜色的基本属性是：色调、纯度、明度三个属性。

1. 色调

色调是色彩的基本相貌，是辐射或反射的波长主导的色彩视觉，是用作区别色彩的特性之一，标准色调以太阳光的光谱为基准。

2. 纯度（饱和度）

饱和度是指色彩的纯净程度，也指色相中色素的饱含量，在光谱中主导波长范围的狭窄程度，即色调的表现程度。波长范围越狭窄，色调越纯正、越鲜艳，反之亦然。

3. 明度

明度是指色彩的明暗程度，也可称为亮度，是色调的亮度特性。明度往往与色彩的纯度相关。色彩中一个性质的改变，会相应地导致另一个性质的改变。

上述 3 个基本属性可用空间纺锤体表示，如图 8–3 所示，色彩中的任一属性发生变化，色彩将相应地发生变化。如某一色调光谱中，白光越少，明度越低，而饱和度越高。加入白光的色彩被称为未饱和色，加入黑光的色彩被称为过饱和色。因此，每一色调都有不同的饱和度和明度变化，若两种色彩的 3 个属性相同，在视觉上就会产生同样的色彩感觉。无彩色系列只能根据明度差别来区分，而彩色系列则可从色调、饱和度和明度来辨认。

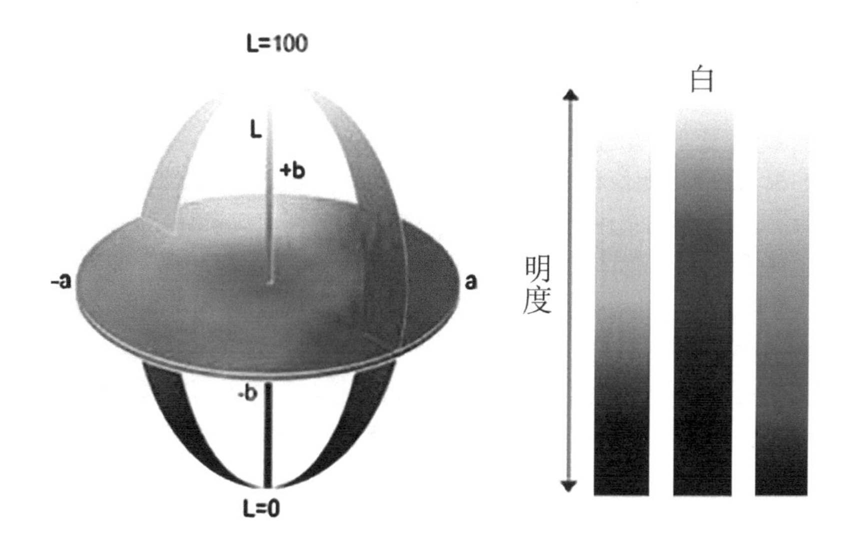

L 表示亮度（LUMINOSITY），A 表示从洋红色至绿色的范围，B 表示从黄色至蓝色的范围。

图 8–3　色彩空间示意图

8.2 色彩对人的影响

8.2.1 色彩对人的生理影响

色彩对人的生理机能和生理过程有着直接的影响。实验研究表明，色彩的影响可导致肌肉的弹力加大，血液循环加快，色彩能通过人的视觉器官和神经系统调节体液，对消化系统、内分泌系统等都有不同程度的影响。凡是波长较长的色彩都能引起扩张性反映，波长较短的色彩则引起收缩性反映。例如，强烈的红色系列会使人体的机能处于兴奋和不稳定状态，血压增高，脉搏加快；而蓝色调会抑制各种器官的兴奋状态使机能稳定，迫使血压、心率降低。因此科学合理的色彩环境，可以改善人的生理机能和生理过程，从而提高工作效率。图 8–4 所示为彩色餐具设计。

图 8-4　彩色餐具设计

由于人的视觉系统对明度和饱和度的分辨力不及对比度，因此选择色彩对比时，一般以色调对比为主，在色调的选择上，要考虑到色彩对人的视觉效果。一般蓝色、紫色、红色、橙色容易引起视觉疲劳；而黄绿色、绿色、蓝绿色等色调不易引起视觉疲劳而且人们对其认读速度快、准确性高。因此，主要视力范围内的基本色调宜采用黄绿色或蓝绿色。

当色彩的波谱辐射功率相同时，视觉器官对不同颜色的主观感觉亮度也不同。例如对以黄色调为主的黄绿色、黄色、橙色，会感到黄色最醒目，其次是橙色。因此，常以黄色、橙色作警告色。实验证明，对黄色或橙色配以黑色或蓝色的底色，会产生强烈的对比效应，能提高黄色或橙色的主观感觉亮度，易于辨认并引起注意，一般警示标牌都规定用黄色，如图 8-5 所示。

图 8-5　警示色的运用

对于工作环境的色彩设计，应使色彩保持总体一致，因为人眼离开工作面而转向其他方向时，如果它们的明度差别过大，则在视线转移过程中，眼睛要进行多次明暗适应，会加速视觉疲劳。对于产品设计来讲，要求整体彩色一致，切忌太多的色彩，要保持色彩均匀性。

饱和度高的色彩给人眼以强刺激感，所以工作环境宜采用饱和度低一些的色彩。考虑到视线转移问题，室内空间如天花板、墙壁以及其他非操作部分的色彩饱和度也应低一些，与主体形成一致，如图 8-6 所示。

图 8-6　办公空间色彩的运用

一般产品或空间危险部位、危险标志的色彩应具有较高的饱和度，以增强刺激感。例如，危险性产品的开关按键、机械的警戒部位应采用饱和度高的色彩，如图 8-7 和图 8-8 所示。

图 8-7　电子产品色彩的运用

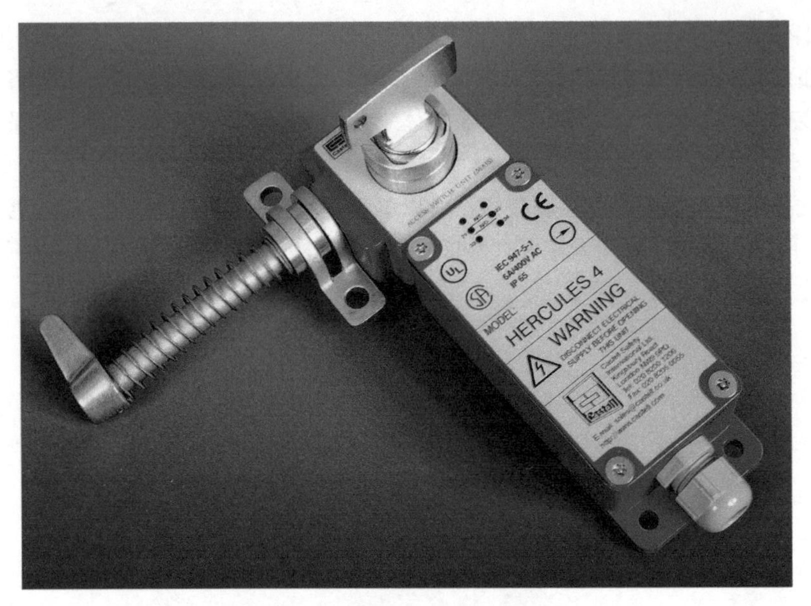

图 8–8 机械设备色彩的运用

8.2.2 色彩对人的心理影响

人类在长期生活实践中，形成了大量有关色彩的感受和联想，色彩会对心理造成影响，并因人的年龄、性别、经历、民族、习惯和所处的环境等不同而异。

色彩与人的心理关系是指色彩引起的人的思想、感情等的活动。合理的色彩对恢复人的视觉疲劳和改善情绪大有益处。人们都有这样的体会，当心情烦躁不安时，到公园或海边看看，心情通常会恢复平静，这是绿色或蓝色对心理调节的结果。这些色调还可降低皮肤温度 1℃ ~ 2℃，减少脉搏次数 4 ~ 8 次，降低血压，减轻心脏负担。一般来说，浅蓝色、浅黄色、橙色益于保持精神集中、情绪稳定。医学家发现，病人房间的浅蓝色可使高烧病人情绪稳定，紫色使孕妇镇静，赭色则能帮助低血压病人升高血压，终日与黑色煤炭相伴的工人，最易导致视线模糊而产生朦胧心理。粉红色表面给人温柔舒适感，但长期生活在这种环境里会导致视力下降、听力减退、脉搏加快。粉红色波长与紫外线波长十分接近，长期穿着粉红色衣服会使人的体质减弱。将这些规律运用到产品设计中，是大有益处的。

8.3 产品色彩的视觉功效

1. 产品色彩的冷暖感

色彩本身没有冷暖的性质，但由于人从自然现象中得到的启迪和联想，便对色彩产生了“冷”与“暖”的感觉。如看到红、橙、黄色时，就会联想到火焰，产生燥热的感觉，因此称红、橙、黄色调为暖色调；而看到青、绿、蓝色时，就会联想到碧水、绿树，产生凉爽的感觉，所以称青、绿、蓝色调为冷色调。冷色与暖色是依据心理错觉对色彩的物理性分类，对于颜色的物质性印象，大致由冷暖两个色系产生。波长长的红光和橙、黄色光，给人以温暖感，这类光照射到任何颜色都会产生温暖感。相反，波长短的紫色光、蓝色光、绿色光，给人以寒冷的感觉。夏日，我们关掉室内的白炽灯，打开日光灯，就会有一种变凉爽的感觉。在冷食或冷饮包装上使用冷色，视觉上会给人以凉爽感，引起购买欲。因此像冰箱、空调等产品通常用冷色调；烤箱、微波炉等产品通常用暖色调。图 8–9 所示为产品色彩给人的感受，图 8–10 所示为冷色调产品色彩运用，图 8–11 所示为暖色调产品色彩运用。

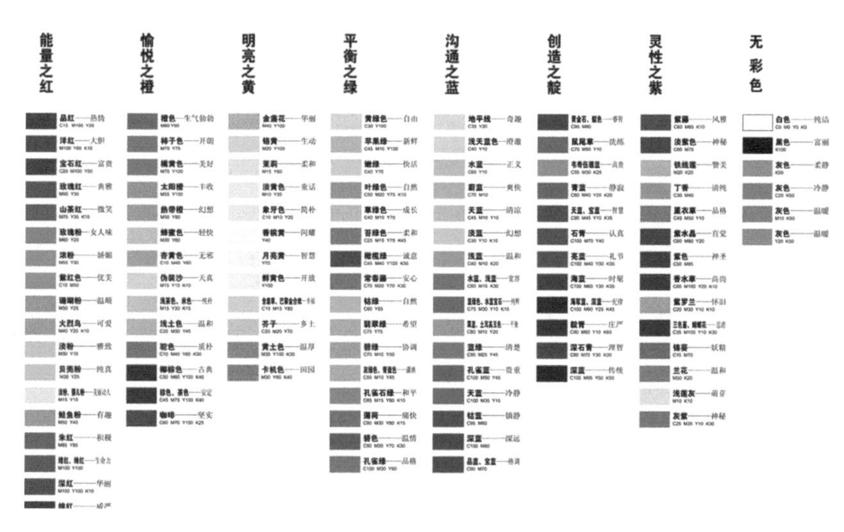

图 8–9　产品色彩的感受

图 8–10　冷色调产品色彩运用

图 8–11　暖色调产品色彩运用

2. 产品色彩的距离感

色彩具有距离感，通常，暖色调使人感到物体膨胀并拉近与物体之间的距离，即对象物被拉近，有前进感，因此暖色调被称为前进色，暖色调还有前凸感、空间紧凑感。一般产品设计中，需要突出的部件可以考虑用暖色调。冷色调使人感到对象被推出去了，有距离增加感和后退感，因此冷色调称为后退色，冷色调还有后凹感、体积收缩感、空间宽敞感等。有的产品需体现小巧轻便，可以考虑冷色调。明度也会改变远近感，在色调相同的条件下，明度高时会产生拉近感，明度低时能产生疏远感。因此，可以通过调节色彩来改变产品给人的距离感。图 8-12 所示为色彩距离感在产品设计中的运用。

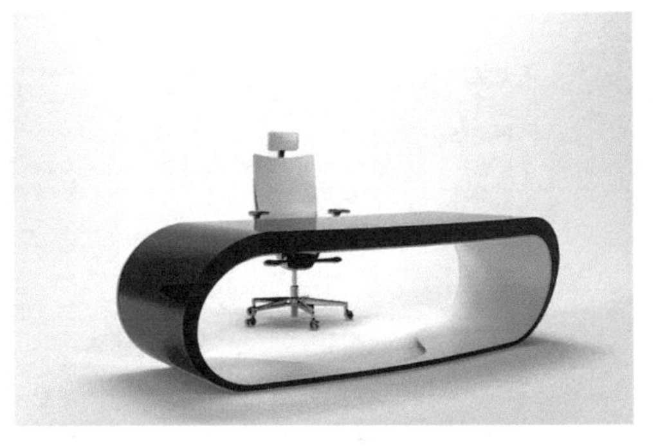

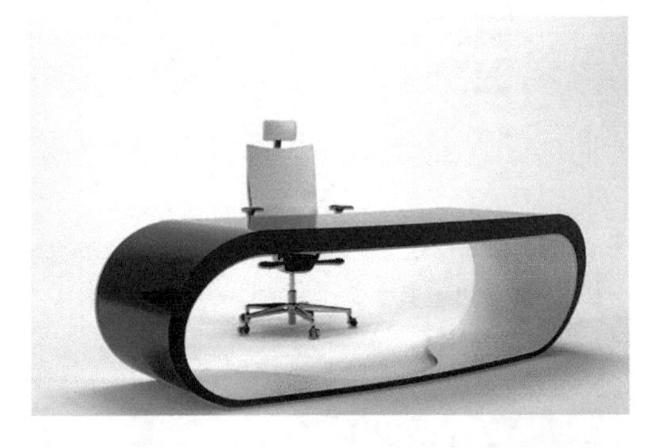
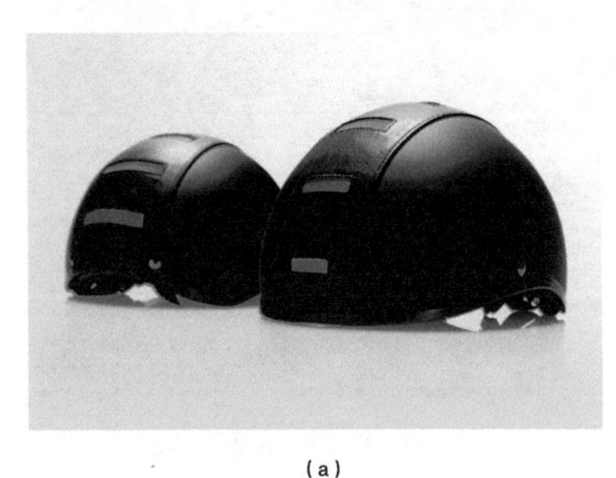
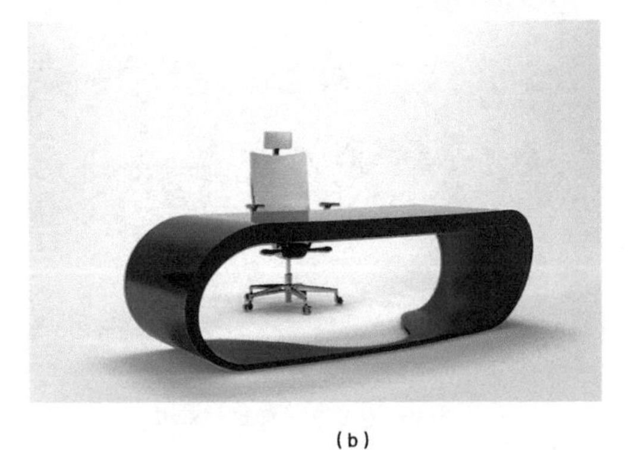

（a）　　　　（b）

图 8-12　色彩距离感在产品设计中的运用

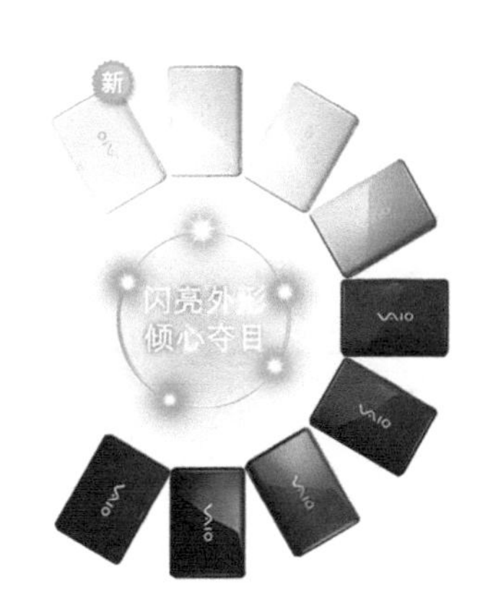

图 8–12　色彩距离感在产品设计中的运用（续）

3. 产品色彩的轻重感

色彩还具有令人惊讶的特性——重量。国际色彩专家经过多种复杂的试验后得出结论，各种颜色在人的大脑中都代表一定的“重量”。他还将颜色按“重量”从重到轻排列如下：红、蓝、绿、橙、黄、白。因为暖色调具有拉近感，所以使物体看起来好像密度小、重量轻；相反，冷色调的物体使人感觉要比实际重量重些。在色调相同的条件下，明度高的物体显得轻些，明度低的物体显得重些；明度、色调相同时，饱和度高的物体感觉轻些，饱和度低的物体感觉重些。例如，民用客机多因载客量大而体积庞大，虽然随着科学技术的发展巨型客机已有较高的安全系数，但其外形总给人不够轻巧、安全的感觉，不过设计师用色彩很好地解决了这个问题。白色和银白色是看起来最轻的颜色，使人联想到矫捷的海鸥、轻盈的云朵等，而且白色和银白色都能很好地反射阳光，抵御强光的侵蚀。而飞机的起落架相对于巨大的机体显得过于弱小，设计师用厚重的黑色包裹它，让它显得坚硬而富有支撑力。通过这样的色彩设置，再大机型的飞机都像灵巧的鸟儿，让人能够放心乘坐。再例如快速列车设计，设计师为了体现速度与轻盈，一般选用银白色，使列车整体体现出轻快的视觉效果。

另外，在一些高大的重型设备的底部，设计师多用冷色调为基础的低饱和度暗色，以增加设备的稳定感和安全感，而一些操纵手柄多用明快色或明亮色的塑料，给操作人员以省力和轻快感。图 8–13 所示为色彩轻重感在产品设计中的运用。

（a）

图 8–13　色彩轻重感在产品设计中的运用

(b)

(c)

(d)

(e)

图 8-13　色彩轻重感在产品设计中的运用（续）

4. 产品色彩的情绪感

红、橙、黄等暖色调一般具有振奋人心的作用，但也能引起不安感或神经紧张感；青、绿、蓝等冷色调一般具有使人镇定的作用，但色彩面积过大又会给人以荒凉、冷漠的感觉。

色彩还可使人产生轻松感或压抑感，这种主观感觉的产生主要是由明度和饱和度在起作用。如明亮而鲜艳的暖色调，给人以轻快、活泼的感觉；深暗混浊的冷色调给人以沉闷、压抑的感觉。设计师对产品的色彩设计做到醒目并不太困难，但要做到既与众不同，又能体现出产品文化内涵，则要下大功夫。在产品设计中，色彩的视觉吸引力最强，因为产品的色彩会使消费者产生联想，进而诱发各种情感，使购买心理发生变化。使用色彩来激发人的情感应遵循一定的规律，如设计与饮食相关的产品时，应多与产品本身联系。例如，面包机选用橙色、橘红色等暖色易使人联想到丰收、成熟，从而激起食欲并促成购买行为；取暖设备可以选用暖色，使用者通过产品的色彩就能体会到产品的功效；洗洁用品则可选用冷色调，以体现洁净感。表 8-1 所示为色彩的感情效果，图 8-14 所示为色彩情绪感在产品设计中的运用。

表 8-1　色彩的感情效果

心理因子	评价	活动	力量
关系深浅尺度	喜欢——讨厌 美丽——丑陋 自然——做作	动——静 暖——冷 漂亮——朴素 明快——阴晦 前进——后退 烦躁——安定 光亮——灰暗	强——弱 浓艳——清淡 硬——软 刚——柔 重——轻
色调	绿、青——红、紫	红（暖色）——青（冷色）	基本无关
饱和度	大——小	大——小	基本无关
明度	大——小	大——小	大——小

图 8-14　色彩情绪感在产品设计中的运用

8.4 产品设计中的色彩运用原则

8.4.1 生活产品色彩选用原则

生活产品主要包括家用电器、厨房用品、娱乐设施、交通工具等，其配色应主要考虑色彩与产品的功能相适应，产品主体颜色与所处环境色彩相协调，操纵装置的配色要重点突出，避免操作失误。具体的原则如下。

（1）产品色彩的选择要体现出使用者的需求，针对不同使用者进行相应的设计。

（2）色彩的选用要体现出产品特有的功能属性，如娱乐产品可以选择纯度高的色彩，体现其活力；厨卫用品要体现出干净整齐的特性，可以选用纯度低一些的色彩；家居产品要结合居住环境，体现出色彩的和谐等。

（3）有时为体现整体效果，产品通体使用一种色彩，这时对一些按键、操纵装置、标志、文字细节可采用另外的色彩，重点突出其功能。

（4）掌握好色彩冷暖、对比、轻重、强弱的和谐，以满足使用者心理需求。

（5）对于危险部位，要选用警示颜色进行警示说明。

生活产品的色彩表现如图 8-15 所示。

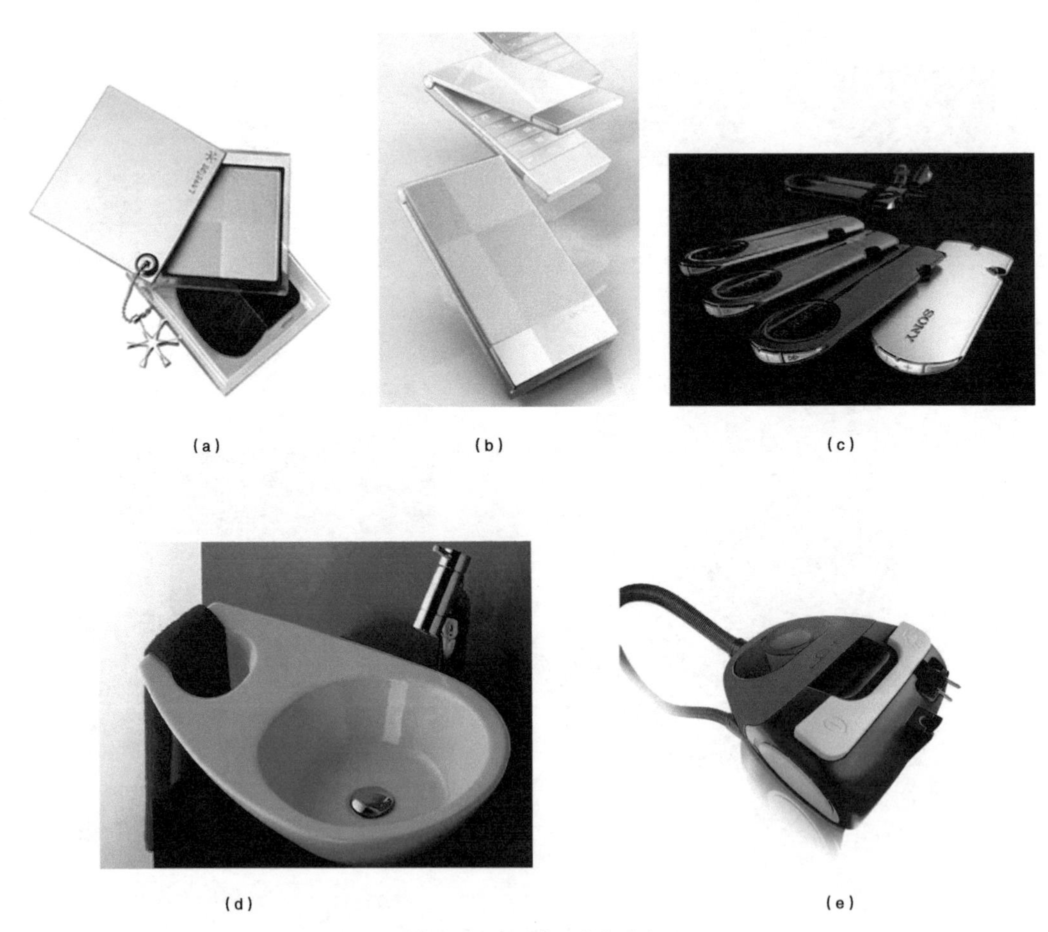

(a) (b) (c)

(d) (e)

图 8-15 生活产品的色彩表现

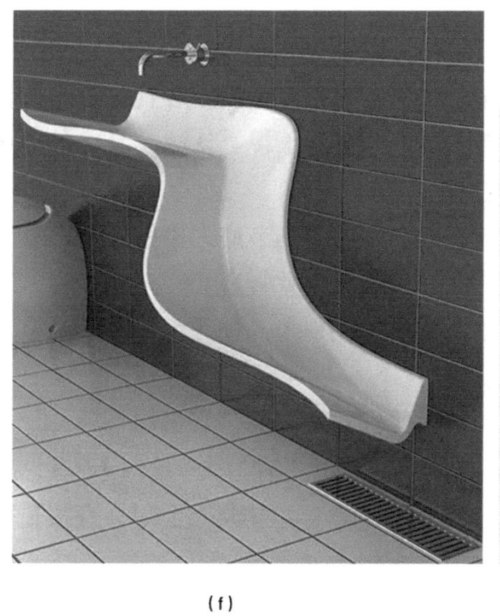

(f)

(g)

(h)

(i)

(j)

图 8-15　生活产品的色彩表现（续）

8.4.2 机器设备和工作台面色彩调节

机器设备主要包括主机、辅助设备和动力设备，以及显示和控制操纵装置，显示装置要突出并与背景有一定对比，以引起使用者的注意，同时也有助于视觉认读。具体的原则如下。

（1）产品通体使用一种色彩时，按键、把手、标志、文字等细节应采用另外的色彩。

（2）根据产品特征，不同部位选用不同颜色，保证使用者视觉舒适。

（3）一些专业化产品，要突出其专业性、集成性，最好统一为一种颜色。

（4）对于危险部位，要选用警示颜色进行警示说明。

（5）掌握好色彩冷暖、对比、轻重、强弱的和谐，使机器设备的色彩更加合理。

此外，对于大型辅助性产品设计，如工作台面，选用色彩明度不宜过大，反射不宜过高；选用适当的色彩对比可以提高对细小零件的分辨，但色彩对比不可过大，否则会直接造成视觉疲劳。图 8-16 所示为电子机械产品颜色选用。

图 8-16　电子机械产品颜色选用

8.4.3 安全标志和技术标志的色彩应用

用色彩标志传递安全和技术信息的方式早已被世界各国所采用。国家标准（GB 2893—82）规定了传递安全信息的安全色，目的是使人们能够迅速发现或分辨安全标志，提醒人们注意，防止发生事故。安全色是指表达安全信息含义的颜色。该标准规定红、蓝、黄、绿 4 种颜色为安全色。安全标志应按 GB 2894—88 规定采用；安全色卡片应按 GB 6527—86 规定采用。

安全色经常用于产品的重要部位，如红色表示紧急、禁止、停止、事故或操作错误等；黄色常用于表示警告信号；绿色表示工作正常、允许进行等；蓝色表示整机工作正常；白色表示电源接通、预热或准备运行等。图 8–17 所示为安全标志和技术标志的色彩应用。

图 8–17 安全标志和技术标志的色彩应用

8.5 不同国家对色彩的使用习惯

不同社会文化背景下的人们，在生活标准、兴趣爱好、风俗习惯、行为模式等方面，均显示出差异，这种差异也表现在对同一颜色的理解上，这种理解在选购产品时起到重要的作用。

8.6 本章总结

随着现代科学的发展，色彩运用越来越灵活自由，但并不意味着设计师可以随意指定色彩，设计师要综合考虑产品功能、特性、技术、市场以及消费者的心理等因素，要体现出工业设计以人为本的设计思想。设计师要不断利用科学的方法和敏锐的思维去开发更多的色彩模式，完成更优秀的产品设计。

8.7 本章思考与练习

1. 如何理解色彩的形成原理?
2. 如何理解色彩的各种属性特征?
3. 色彩在产品设计中起到哪些作用? 举例说明。
4. 产品设计中的色彩运用应遵循哪些原则?
5. 不同国家对颜色有何喜好? 这对产品设计又有哪些影响? 举例说明。

第 9 章 人机作业环境设计

整个人机系统是在各种不同的环境里工作的，而环境条件又不同程度地影响着各个分系统的工作。可见，在人机系统中，人同机器、环境的关系总是相互作用、相互配合和相互制约的，但人始终起着主导作用。因此，为了能充分发挥人和机器的作用，使整个人机系统可靠、安全、高效，以及操作方便和舒适，设计人机系统时就需要充分考虑环境的影响，使人机系统达到生产和工作的最佳效果。本章我们将对作业环境的知识进行全面讲解。

9.1 人机作业环境

9.1.1 人机作业环境概述

环境在人机操作系统中起着重要的作用，无论室内作业还是室外作业，地面作业还是井下作业，人们都面临不同的环境条件，不良的环境条件直接或间接对人的操作产生影响，轻则降低工作效率，重则影响整个系统的运行并危害人的安全。

在产品系统设计的各个阶段，要排除各种环境对使用者的不良影响，使人处于良好的作业环境，这样可以最大限度地提高作业的综合效能，更能保证使用者的健康安全。本章主要讲解气温、噪声、照明等环境条件对人的工作效率和健康的影响以及对这些环境条件的改善措施。

9.1.2 人机作业环境分类

根据对使用者的影响，人机作业环境可分为如下 4 种类型，如图 9-1 所示。

第 1 种为最舒适的人机作业环境。这种环境各项指标最佳，完全符合人的生理心理要求，在这种环境条件下可长时间地进行作业而不感到疲劳，工作效率极高，心情愉悦，操作者主观感觉非常满意。

第 2 种为舒适的人机作业环境。这种环境各项指标符合要求，环境对人体健康无损害，使用者可以维持较长时间工作而不感到疲劳。

第 3 种为不舒适的人机作业环境。这种环境中有某些指标与舒适指标差距较大，长期

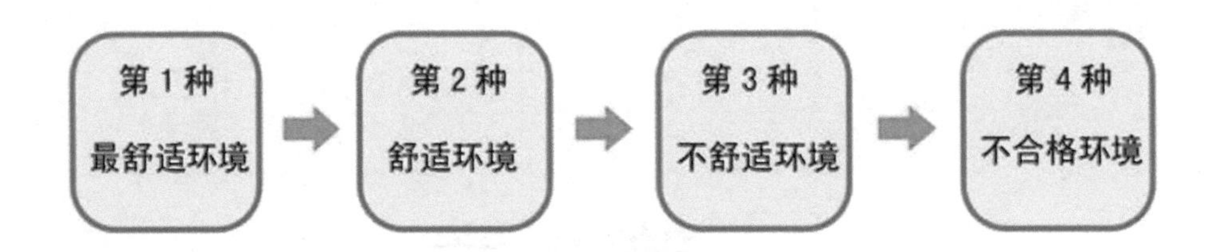

图 9-1　人机作业环境分类

在这种环境中工作会损害操作者的健康，导致职业病的产生，如粉尘、噪声及不良气体导致的疾病。

第4种为不合格的人机作业环境。在这种环境中作业，操作者的身体会受到伤害，甚至减寿。如生产车间无保护措施，必须运用特殊技术手段将操作者与外部环境隔开，如密封隔离等。

在人机系统设计中，利用环境控制系统来改善操作环境只是一个方面，有时往往需要特殊的辅助工程技术来保证系统的安全高效。下面将从几个重点方面阐述环境对人体的影响，为产品设计提供技术支持与保障。

9.2 热环境

9.2.1 热环境概念

热环境特指生产环境的气候条件，包含设备、产品、零件和原料所处的生产环境现场的热辐射条件。

9.2.2 影响热环境的因素

1. 气温

空气的冷热程度称为气温，气温是评价作业环境气候条件的主要指标。作业环境中的气温不但受到大气温度影响，还要受环境的空间物理结构和热源的影响，如太阳辐射和操作环境的热源，操作间的格局，还有机器运转散发的热量等。

2. 湿度

一定的温度下，在一定体积的空气里含有的水汽越少，则空气越干燥；水汽越多，则空气越潮湿。空气的干湿程度称为湿度，空气中所含的水分称为气湿。湿度有绝对湿度与相对湿度两种，通常在一定温度下，每立方米空气中所含有的水蒸气克数称为绝对湿度，其单位为克/立方米。空气的水蒸气压强与相同温度、压力条件下的空气饱和水蒸气压强的百分比称为该温度、压力条件下的相对湿度，相对湿度在80%以上称为高气湿，低于30%称为低气湿，高气湿主要由水分蒸发和释放蒸气所致，纺织工作室，造纸工作车间的相对湿度为高气湿。

3. 热辐射

物体在绝对温度大于人体表面温度时的能量辐射称为热辐射。太阳及生产环境的熔炉、燃烧的火焰、锻造的金属、被加热了的材料等均能产生热辐射，它是一种红外辐射，红外辐射不能加热气体，但能使周围的物体升温。同其他物体一样，人机环境也向外界辐射热量。当周围物体表面温度超过人体表面温度时，周围物体向人体辐射热能使人体受热，称为正辐射，相反称为负辐射。

4. 空气流速

空气流动的速度叫气流速度或空气流速。气温、温度、热辐射和气流速度对人体的影响可以互相替代，某一条件的变化对人体的影响，可以由另一条件的相应变化所补偿。例如，人体受热辐射所获得的热量可以被低气温抵消，当气温增高时，若气流速度增大，会使人体散热增加；低温、高湿会加剧人体散热量，导致冻伤；高温、高湿会使人体丧失热蒸发机能，导致热疲劳。可见，构成热环境的若干条件的共同作用结果对人体产生综合影响，因此必须综合地评价热环境的若干条件。

9. 2. 3 人体温度和热平衡

1. 人体温度

人体温度是指人体内部温度，通常以口腔温度、直肠温度或腋下温度表示。直肠温度较接近于人体内部器官的平均温度，正常范围在 36.9 ~ 37.9℃，平均为 37.5℃；口腔温度比直肠温度低 0.2 ~ 0.3℃，正常范围在 36.7 ~ 37.6℃ , 平均为 37.2℃；腋下温度比口腔温度大约低 0.3 ~ 0.5℃。人的体内温度比较稳定。

2. 皮肤温度

人体皮肤温度指体表的温度，它比体内温度要低得多，人的皮肤温度因体表的部位不同而不同，并受外界环境变化的影响，如表 9–1 所示。

表 9–1　室温环境下人体皮肤温度

头额部皮肤温度	胸部皮肤温度	手指端皮肤温度	脚趾端皮肤温度
33.5℃	33.4℃	28.5℃	24.4℃

3. 人体热平衡

人体热平衡是指人体与周围环境热量交换达到平衡时的状态。人体为了保持稳定的体温，要不断地与周围环境进行热交换。

9. 2. 4 作业环境的舒适温度和温度标准

舒适温度有两种，一种是指人主观感觉到的舒适温度；另一种是指人体生理上的适宜温度。影响舒适温度的要素有 7 个，其中 4 个与环境有关，即空气的干湿度、蒸汽中的水蒸气压力、空气流速以及室内物体和墙壁面辐射温度，另外还与人体的自身身体条件和穿着的服饰有关。生理学上对舒适温度规定为，人坐着休息、穿薄衣、无强迫热对流，通常在地球引力和海平面的气压条件下，未经外界环境影响，人所感觉到的舒适温度是既不觉得冷，也不觉得热。按照这一规定，舒适温度应在 21 ± 3℃范围内。影响舒适温度的因素很多，如季节不同，舒适温度不同，夏季偏高，冬季偏低；劳动强度不同，要求的舒适温度也不同，如相对湿度为 50% 时，坐在办公室从事脑力劳动时为 18 ～ 24℃，站着从事轻体力劳动时为 16 ～ 23℃，从事极重体力劳动时为 14 ～ 18℃。不同地区的人由于在冷或热环境中长期生活，对冷或热环境已经习惯和适应。因此条件不同，对舒适温度的要求不同，如热带人稍偏高，寒带人稍偏低；女性的舒适温度比男性高 0.55℃；40 岁以上的人比青年人约高 0.55℃，老年人要求更高。具体如表 9-2 ～表 9-4 所示。

表 9-2　以空气湿度为转移的感觉参数

温度（℃）	相对湿度（%）	感觉状态	温度（℃）	相对湿度（%）	感觉状态
21	40	最舒适状态	24	100	重体力劳动困难
	75	无不适感觉	30	25	无不适感觉
	85	良好安静状态		50	正常效率
	91	疲劳压抑状态		65	重劳动困难
24	20	无不适感觉		81	体温升高
	65	稍有不适感觉		90	危害健康
	80	有不适感觉			

表 9-3　推荐的气流速度参数

季节	最佳气流速度（m/s）	不适当的气流速度（m/s）
春、秋	0.3 ～ 0.4	0.02 以下及 1.16 以上
夏	0.4 ～ 0.5	0.03 以下及 1.50 以上
冬	0.2 ～ 0.3	0.01 以下及 1.00 以上

表 9-4　不同气温下工厂工人的主观感觉

（单位：人次 %）

气温（℃） 主观感觉	17.6 ～ 20	20.1 ～ 22.5	22.6 ～ 25	25.1 ～ 27.5	27.6 ～ 30	30.1 ～ 32.5
热	0	0	0	0	6.2	16.8
适中	16.6	60	22.5	52	63.8	64.7
舒适	83.4	50	77.5	48	30	18.5

续表

主观感觉 \ 气温（℃）	32.6 ~ 35	35.1 ~ 37.5	37.6 ~ 40	40.1 ~ 42.5	42.6 ~ 45
热	27.5	46.3	55	56	100
适中	58.2	47	45	44	0
舒适	14.3	6.7	0	0	0

我国工作场所气候条件卫生标准是根据作业性质及劳动强度以气温为主而制定的，在特殊情况下，才有湿度和风速的规定。根据劳动特征和劳动强度所制定的工厂车间内作业区的空气温度和湿度的标准如表 9–5 所示。

表 9–5　车间作业区温湿度标准

（单位：℃）

车间和作业的特征			冬季		夏季	
			温度	相对湿度	温度	相对湿度
标准车间	散热量不大	轻作业 中等作业 重型作业	16 ~ 20 13 ~ 17 10 ~ 15	≤ 80%	不超过室外温度 3℃	不规定
	散热量大	轻作业 中等作业 重型作业	18 ~ 23 17 ~ 21 16 ~ 19	≤ 80%	不超过室外温度 5℃	不规定

9.2.5 热环境对人体的影响

1. 高温作业环境对人体的影响

高温作业环境可分为以下 3 种基本类型。

（1）高温、强热辐射作业。

（2）高温、高湿作业。

（3）夏季露天作业。比如露天的维修工、交警、巡逻人员、园林工作人员、体育运动员等都会受到高温的影响。

在高温作业环境条件下，人体通过呼吸、出汗及体表血管的扩张向体外散热，若人体产热量仍大于散热量，人体产生热积蓄，促使呼吸和心率加快，血压升高，胸闷憋气，皮肤表面血管的血流量剧烈增加，有时可达正常值的 7 倍之多，这称为热应激效应。长时间的高温环境会导致热循环机能失调，会造成急性中暑或热衰竭、血压升高、全身倦怠、头晕恶心、失眠、食欲不振、无力等症状。极为严重时，甚至导致昏迷及死亡。因此高温环境作业必须有有力的医疗防护保障。

高温作业环境条件下，人体机能的耐受度与人体核心温度（常用直肠温度表示人体的核心温度）有关。表 9–6 所示为国家规定的高温作业允许持续的接触热时间限值。

表 9–6 高温作业允许持续的接触热时间限值

（单位：min）

工作地点温度（℃）	轻劳动	中等劳动	重劳动
30 ~ 22	80	70	60
＞32 ~ 34	70	60	50
＞34 ~ 36	60	50	40
＞36 ~ 38	50	40	30
＞38 ~ 40	40	30	20
＞40 ~ 42	30	20	15
＞42 ~ 44	20	10	10

高温对作业效率的影响大致如下：在温度达到 27 ~ 32℃时，主要使肌肉用力的工作效率下降；当温度高达 32℃以上时，需要集中注意力的工作以及精密工作的效率开始下降。美国的研究资料表明，夏季装有通风设备的工厂，生产量较之春秋季降低 3%，而缺少通风设备的同类工厂，产量则降低 13%。日本 5 个制造工厂和 1 个纺织工厂对工人的月平均产量与气温变化关系的调查结果显示，3 年间夏季 7 ~ 8 月的产量都较低，显然高温、高湿环境是影响产量的重要环境因素。表 9–7 所示为操作者在不同热环境下的感受。

表 9–7 操作者在不同热环境下的感受

空气温度（℃）	25.1 ~ 27	27.1 ~ 29	29.1 ~ 31	31.1 ~ 32	32.1 ~ 33
热辐射温度（℃）	25.6 ~ 27.8	27.8 ~ 29.7	29.7 ~ 32	32.5 ~ 32.7	33.4 ~ 33.5
空气相对湿度（%）	85 ~ 92	84 ~ 90	76 ~ 80	74 ~ 79	74 ~ 76
气流速度（$m \cdot s^{-1}$）	0.05 ~ 0.1	0.05 ~ 0.2	0.1 ~ 0.2	0.2 ~ 0.3	0.2 ~ 0.4
人机温度（℃）	36 ~ 36.4	36 ~ 36.5	36.2 ~ 36.4	36.3 ~ 36.6	36.4 ~ 36.8
皮肤温度（℃）	29.7 ~ 29.9	29.7 ~ 32.1	33.1 ~ 33.9	33.8 ~ 34.6	34.5 ~ 35
排汗情况	无	无	无	微少	较多
主观感受	愉快	舒适	适应	较热	过热，难受

脑力劳动对温度的反应更敏感，当有效温度达到 29.5℃时，脑力劳动的效率就开始降低，有效温度越高，持续作业的时间越短。当温度超过 29.5℃时，人脑的记忆力、逻辑思维能力等均开始下降。

根据实地调研，高温作业环境会增加操作者的烦躁感，且由于热环境下体表血液循环加快，导致大脑中枢相对缺血，劳动者注意力降低，易引发事故。表 9–8 所示为不同劳动类型的舒适温度。

2. 低温作业环境对人体的影响

低温环境条件通常是指低于允许温度下限的气温条件。人体具有一定的冷适应能力，在温度不十分低的环境（–1 ~ 6℃）可依靠自身体温调节系统，使人体处于正常状态，但长久处在低温环境下，就会出现不适状况。环境温度低于皮肤温度时，会引起皮肤毛细血管收缩，使人体散热量减少。外界温度进一步下降时，肌肉因寒冷而剧烈收缩抖动，以增加产热量维持体温恒定的现象，称为冷应激效应。

表 9–8　不同劳动类型的舒适温度

（单位：℃）

劳动类型	舒适温度
坐姿脑力劳动（办公室，操作间内）	20
坐姿轻体力劳动（控制台，操作间内）	19 ~ 20
立姿轻体力劳动（检测，车工铣工等）	17 ~ 18
立姿重体力劳动（木工，搬运等）	16 ~ 17
立姿极重体力劳动	15 ~ 16

人体对低温的适应能力远远不如人体的热适应能力。气温降低时，人体的不舒适感迅速上升，机能迅速下降。低温条件可导致神经兴奋与传导能力减弱，出现痛觉迟钝状态。在低温适应初期，代谢率增高，心率加快，心脏搏出量增加；当人体核心温度降低之后，心率也随之减慢，心脏搏出量减少，这实际上是人体已经不能适应低温环境的信号。人体长期处于低温条件，会导致循环血量、白细胞、血小板减少，血糖降低，血管痉挛，营养障碍等症状；在低温高湿条件下，还易引起肌肉收缩、肌炎、神经炎、腰痛和风湿痛等症状，以及冻伤。长期于低温环境下作业，对人体健康是不利的。表 9–9 所示为不同冷风力时人体的感受。

表 9–9　不同冷风力时人体的感受

冷风力 / ($kcal \cdot m^{-2} \cdot h^{-1}$)	人体感觉和反应
600	很凉
800	冷
1000	很冷
1200	极度严寒
1400	外露的皮肤冻伤
2000	外露的皮肤在 1 分钟内冻伤
2300	外露的皮肤在 30 秒内冻伤

9.2.6 改善作业环境温度的措施

1. 高温作业环境的改善

操作者的反应及受热时间受到气温、湿度、气流速度、热辐射、作业强度、衣服的热阻值等因素的综合影响，因此高温作业环境应该从生产工艺和技术、辅助设计、生产组织措施等方面加以改善。

（1）生产工艺和技术措施

①合理设计生产工艺过程。设计师要对生产过程进行科学考察，利用新型技术为操作者提供保障。工程技术人员、人机工程学工作者和管理者在进行生产工艺设计时，要切实考虑到操作人员的舒适问题，应尽量使热源远离操作人员，最好将热源布置在车间外部，热源应设置在天窗下或夏季主导风向的下风侧，或在热源周围设置阻隔设施，防止热量扩散。如图 9–2 和图 9–3 所示。

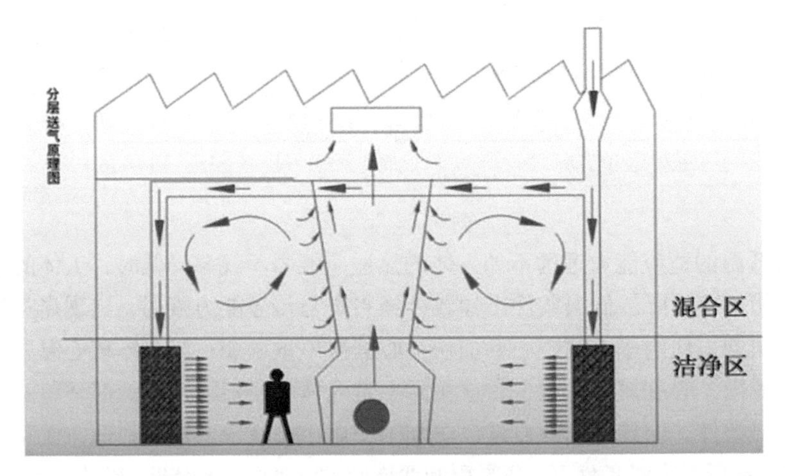

图 9–2　车间热源布置

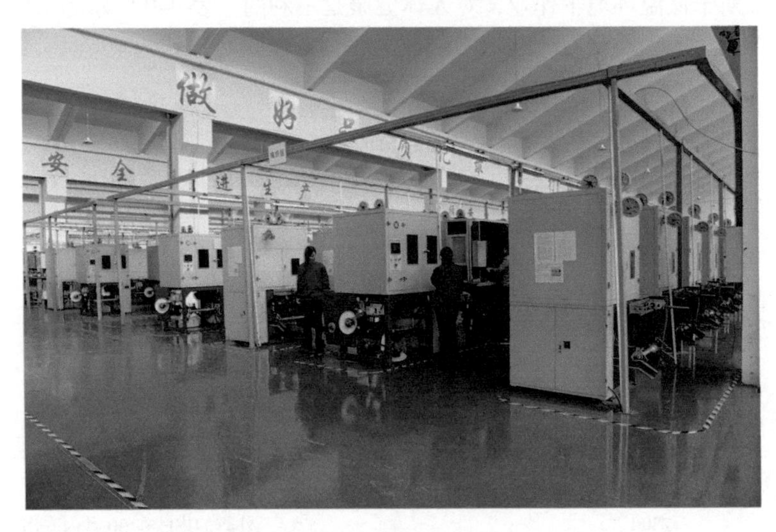

图 9–3　电动工具设计

②屏蔽热源。在有大量热辐射的室内空间，应采用屏蔽辐射热源的措施。屏蔽方法有 3 种：直接在热源表面铺盖泡沫类的物质；在人与热源中间设置屏风；由于水的比热大，吸热能力强，生产操作空间还可设置循环水炉门、瀑布水幕。目前国外对炼钢、热轧工艺的辐射热源采用特殊玻璃屏风来屏蔽，这种屏风既可以屏蔽热辐射又可以吸声，而且不影响作业者观察生产过程。屏蔽方式及材料的选择取决于具体作业情况和材料特性。如图 9–4 和图 9–5 所示。

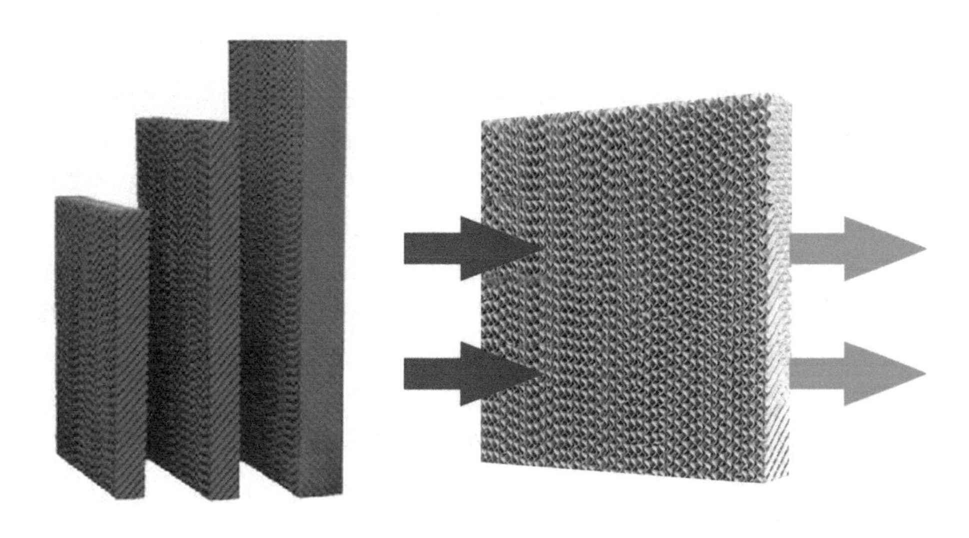

图 9-4　降温水帘墙产品　　图 9-5　降温水帘墙材料结构

③降低湿度。人体对高温环境的不舒适反应，很大程度上受湿度的影响，当相对温度过高时，人体通过汗液蒸发来散热的功能显著降低。工作场所降低湿度的常用方法是在通风口设置去湿器。

④增加气流速度。通过门窗进行自然通风换气，可以增加空气的新鲜感，这种方式可以显著提高工作效率。国际设计组委会通过实验证明，通风条件差会影响工作效率，更会影响人的健康。高温工作间仅依靠自然通风换气常常达不到要求的标准，除了科学合理地设置必要的用于自然通风的进风口和排风口外，还可通过强制机械通风设备增加工作场所的气流速度，如今很多排风扇即可起到排风降温功效，这样可以很好地提高人体的对流散热量和蒸发散热量。

（2）生产组织措施

在高温作业环境下，人不得不放慢作业速度或增加休息次数，以此来减少人体产热量，使人体机能维持热平衡。国际研究机构对 3 种工作负荷（轻作业小于 140W；中等作业 140 ~ 250W；重作业 230 ~ 350W）在不同气流速度、温度和湿度下的耐受时间进行了测量，实验表明作业负荷与持续时间成反比，作业负荷越重，持续作业时间越短。因此高温作业条件下，切忌进行强制性生产，应科学合理地制订生产计划，并通过技术措施，尽量减少高温条件下作业的体力消耗。表 9-10 所示为夏季工作地点空气温度规定。

表 9-10　夏季工作地点空气温度规定

夏季通风室外计算温度	工作地点与室外温差	夏季通风室外计算温度	工作地点与室外温差
≤ 22	≤ 10	29 ~ 32	≤ 3
23 ~ 28	≤ 7	≤ 33	≤ 2

2. 低温作业环境与改善措施

（1）低温作业环境

低温作业环境是指在寒冷季节从事室外及室内无采暖的作业时所处的环境，或在冷藏设备的低温条件下以及在极区的作业环境，工作地点的平均气温等于或低于 5℃。在低温环境中，机体散热加快，引起身体各系统一系列生理变化，可以造成局部性或全身性损伤，如冻伤或冻僵，甚至可引起死亡。我国东北、华北及西北部分地区属于寒区。其气候特点是气温低、温差大、寒潮多；雪期长，积雪深，结冻期长，冻土层厚。在这些地区遇到严寒强风潮湿天气时从事露天作业以及在工艺上要求低温环境的车间作业，尤其在衣服潮湿、饥饿时易发生冻伤。

容易发生冻伤的作业有以下 3 种类型。

①冬季在寒冷地区或极区从事露天或野外作业，如建筑、装卸、农业、渔业、地质勘探、野外考察研究等。在室内因条件限制或其他原因而无采暖的作业。

②在人工降温环境中工作，如储存肉类的冷库和酿造业的地窖等，这类低温作业的特点是没有季节性。

③在暴风雪中遭遇迷途、过度疲劳、船舶遇难、飞机迫降等意外事故。寒冷天气中进行战争或训练。人工冷却剂的储存、运输和使用过程中发生意外。

（2）低温作业环境的改善措施

在生产实践中，低温作业环境下的防护措施如下。

①环境升温。通过现有技术条件（空调、暖气等），提升环境温度。

②对工作服进行设计与改善。在制冷环境下工作的人，由于工作环境必须在低温下进行工作，此时只有通过改善工作服，才能对工作人员起到保暖作用。

③机器人作业代替传统人工。在今天自动化发展取得较好成果的形势下，机器人在低温环境下可以代替传统人工工作，逐步实现工业生产的无人化。

在这种作业环境下的产品设计需要考虑环境以及作业需要进行深入设计，设计师需要综合考虑生产需要、使用性能，以及产品成本等一系列的影响因素，从使用者出发，进行设计实践。

9. 3 声环境

声环境不仅对人的听觉系统起到重要作用，更在人机系统中对人的行为等起到关键作用，它影响着操作者的工作效率和舒适性。良好的声环境令使用者身心愉悦，从而提高工作效率；相反，糟糕的声环境会妨碍工作者对听觉信息的感知，阻碍操作者的工作进程，降低工作效率，更严重的会造成使用者的身心伤害。

9. 3. 1 噪声

噪声是指干扰人们生活和工作的声音。噪声不仅包括车辆声、飞机声、吵闹声等，平时的聊天、嬉笑声都有可能成为噪声。噪声既危害人的健康，又影响工作效率，危害及影响取决于噪声特性，可以通过制定评价方法、指标和允许接受的吸声标准来衡量。图 9–6

所示为生活中的噪声。

（a）

（b）

图 9-6　生活中的噪声

9. 3. 2 噪声类型及等级

1. 噪声类型

噪声按照声波作用的时间持续点可以分为连续噪声、脉冲噪声以及间隔性噪声。连续噪声是指声波持续发生作用，如交通、电锯等发出的噪声。脉冲噪声是指持续时间短于 1 秒的噪声。间隔性噪声是指不定时发出的噪声。

2. 噪声标准等级

噪声控制标准分为三类：第一类是基于对操作者的听力保护而提出的，我国的《工业企业噪声卫生标准》《机床噪声标准》均属此类，它们以等效连续声级、噪声暴露量为指标；第二类是基于降低环境噪声对人们的影响而提出的，我国的《城市区域环境吸声标准》和《机动车辆吸声标准》属于此类，它们是以等效连续声级、统计声级为指标；第三类是基于改善工作条件，提高工作效率而提出的，《室内噪声标准》属于此类，该类以语言干扰级为指标。图 9–7 所示为不同等级噪声分类。

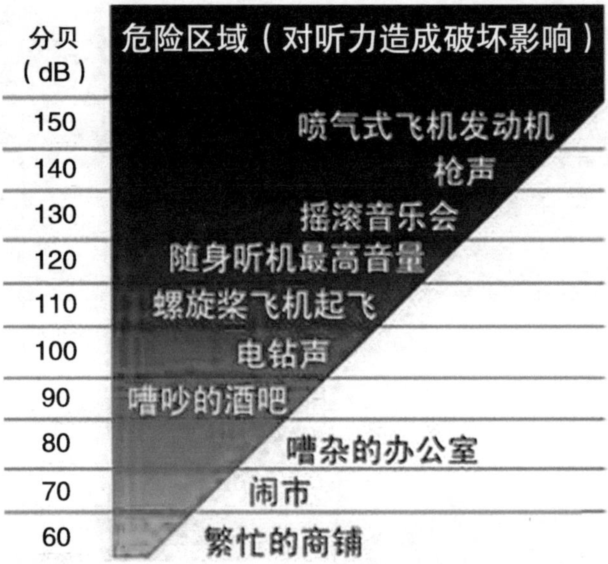

分贝（dB）
危险区域（对听力造成破坏影响）
150 喷气式飞机发动机
140 枪声
130 摇滚音乐会
120 随身听机最高音量
110 螺旋桨飞机起飞
100 电钻声
90 嘈吵的酒吧
80 嘈杂的办公室
70 闹市
60 繁忙的商铺

图 9–7　不同等级噪声

9.3.3 影响噪声的因素

影响噪声的因素有很多，通常噪声受到强度、持续时间、频率等因素的影响。噪声的强度、持续时间对人听觉系统的影响是最大的。因此噪声对听力的影响与噪声的强度、持续处在噪声环境中的时间和频率持续性有关。

1. 噪声强度

噪声的强度有强弱之分，一般较低的噪声对人的身体及听觉系统无损害，若合理利用一些轻度的噪声，反而对提高劳动效率是有利的。因为长时间过于安静的工作环境，会使人精神状态低落并容易产生压抑感，这时，适当的低频率噪声可起到分散人们的注意力，刺激听觉系统的积极作用。

2. 临界噪声强度

科学家提出可以认为 55dB（A）和 65dB（A）是产生听力损失和听力损伤的临界噪声强度。一旦超过临界噪声强度，且相处时间超过一定限度，则会产生听力损失或损伤。听力损失或损伤数值大体上与噪声强度呈线性关系，曲线的斜率则随测听频率和相处时间的变化而变化。

3. 噪声频率和年限

噪声发生体在单位时间内振动的次数叫作噪声频率，相同条件下，高频率的噪声危害要大于低频率的噪声危害。

通常在相应频率范围内，各个频率都有听觉系统损害的临界年限。一旦超过这个年限，对该频率的听力将随着相应年限的延长而下降，整体呈现先快后慢的状态，最初下降速度较快，而后逐渐呈现减慢趋势，最后接近停滞状态。在噪声长期作用下，听力损失的发展状况大体是首先出现对于 4kHz 声音的听力下降，而后逐渐扩展到对 6kHz 和 3kHz 的声音，再扩展到对 2kHz 和 8kHz 的声音，最后是对于 2kHz 以下声音的听力下降。接触噪声的时间和强度不同，患噪声性耳聋的程度不同。表 9-11 所示为常见环境的声压级和声压。

表 9-11　常见环境的声压级和声压

环境	声压级 [dB (A)]	声压 (Pa)
飞机起飞	120 ~ 130	20 ~ 60
织布车间	100 ~ 105	2 ~ 3
车床、冲床附近	100	2
地铁	90	0.6
大声说话	70	0.06
正常交流	60	0.02
办公室	50	0.006
图书馆	40	0.002
卧室	30	0.0006
播音室	20	0.0002
树叶声	10	0.00006

9.3.4 噪声对听力的影响

人体的听觉系统是受噪声影响最大的系统，噪声对听觉系统的影响表现如下。

1. 产生听觉疲劳

人在长时间的噪声影响下会产生听觉疲劳甚至听力下降。听力下降分为暂时性的和永久性的，暂时性的听力下降称之为听觉疲劳。不同的人对噪声适应程度是不同的，但噪声或多或少都会对听觉系统产生影响。在噪声作用下，人的听觉的敏感性下降，对轻微的噪声可以产生适应感，离开噪声环境后，在短时间内即可恢复，这种现象称为听觉适应。听觉适应有一定的限度，当噪声提高到 15dB 以上时，离开噪声环境需要较长时间才能恢复，这种现象称为听觉疲劳。听觉疲劳初期尚可恢复，若再经强烈噪声的反复作用，则难以完全恢复，是耳聋的一种早期信号。

2. 噪声性耳聋

若噪声长时间作用于人的听觉系统，会使听觉疲劳不断形成，若不能及时休息恢复，将产生永久性听闻位移，造成听觉病变，临床上称之为噪声性耳聋，它是一种进行性感音系统的损坏。据专家统计，当听闻位移达 25 ~ 40dB 时，为轻度耳聋；当听闻位移达到 40 ~ 60dB 时，听力曲线由听觉损失最严重的 4000Hz 向两侧延伸下降，为中度耳聋；长年在 115dB 以上的高频噪声环境中工作，听闻位移达 60 ~ 80dB 时，为重度耳聋。表 9-12 所示为噪声强度与神经衰弱发病率的关系。

表 9-12　噪声强度与神经衰弱发病率的关系

	噪声组		
噪声暴露强度［dB（A）］	80 ~ 85	90 ~ 95	100 ~ 105
神经衰弱症发病率（%）	16.2	20.8	28.3

噪声性耳聋症与特种工作的年限有着密切的关系，噪声性耳聋随工龄的增长而加重。据国外专业机构统计，特殊工种如矿山、开采等，患噪声性耳聋比率较大，6 年工龄的约占 4%；6 ~ 10 年工龄的约占 50%；10 年以上工龄的约占 60%。

3. 爆发性耳聋

前面介绍的是噪声对听觉系统的缓慢影响，一旦噪声过度强烈，例如高达 170dB 时，会造成爆发性耳聋，如爆炸声、巨响的枪声等导致的耳聋为爆发性耳聋。这种强烈声压使鼓膜内外产生较大压差，导致听觉器官鼓膜破裂出血，完全失听。

9.3.5 设计过程中采用的措施

形成噪声干扰过程的三要素是声源、传播途径及接受者。噪声的控制也必须从这三方面入手。首先是降低噪声源的噪声级，如果技术上不可能或经济上不合算，则应考虑阻止噪声的传播，若仍达不到要求，应采取接受者个人防护措施。图 9-9 所示为控制声源的设计。

1. 控制噪声声源

噪声必有源头，控制噪声声源即减小噪声或降低噪声的强度，这是减弱噪声的有效途径。在生产现场，应设法减少机器设备本身的摩擦振动和噪声，如选择低噪声的设备、改革生产加工工艺、提高机械设备的精度等，使发声物体的发声强度降至最小，这是从根本上解决噪声污染的措施。

设计师在进行产品设计时，要充分考虑如何将噪声减至最低。一般机械产品的噪声主要是机械噪声和空气动力性噪声。机械噪声一般起源于设备的连接处和运转区的撞击。设计师在进行产品设计时，要改变产品不合理的运行形式，以减少机器运动部件的相互撞击和机械摩擦。具体方法如改良零部件精度、选用减震材料、制订合理维护方案。

空气动力噪声一般发生在下述情况：被压缩的气体由孔中排出时；气缸内爆炸过程中；

管道中气流运行时压力波动；物体在空气中运动速度很高时；燃烧器内雾状燃料或液体燃料燃烧时。降低空气动力性噪声的主要措施是，降低气流速度，减少压力脉冲，减少涡流，或者改变产品内部空气流道尺寸和形状。改进生产工艺和操作方法也是解决声源噪声的一个非常重要的方面。如用无声焊接代替高噪声铆接；用无声锻压代替高噪声锻压等。另外，选用高品质的设备，或者在声源周围多做一些阻隔、吸声设施，均可从根本上降低声源噪声。图 9–8 所示为控制声源的设计。

图 9–8　控制声源的设计

2. 控制噪声传播

目前，要使一切机械设备都达到低噪声，在技术上和经济上是不易做到的。因此，减弱噪声传播或使其传播的能量随距离衰减，是控制噪声的另一种有效方法。

（1）总体设计规划要合理。在总体设计时，要正确估计产品或空间在使用后可能出现的环境噪声状况，并对此考虑全面。如将高噪声区域、场所与低噪声区域、生活区分开设置；将特别强烈的噪声源设在距厂区比较远的偏僻地区，使噪声级最大限度地随距离自然衰减；利用先进技术和设备：例如用无声设备代替高噪声的设备，用静音工具代替高噪声工具等。

（2）空间规划时充分利用自然条件。可利用天然地形，如山岗土坡、树丛草坪和已有建筑屏障等，阻断或屏蔽一部分噪声。在噪声严重的工作现场、施工现场和交通道路的两旁设置足够高的围墙、屏障或绿化带，以减弱声音的传播。

（3）利用声源的指向性控制噪声。对高强度噪声源，如受压容器的排气和放空，可使其出口朝向上空或野外。

（4）在声源周围采用消声、隔声、吸声、隔振、阻尼等局部措施。在空间设计时多选用隔音板可起到减小噪声的效果；还可采用消声和吸声装置，消声是利用安装在气流通道上的消声器来降低空气动力噪声，以解决机器设备如鼓风机、内燃机等噪声的干扰。吸声是将吸声材料或吸声结构安装在室内，吸收室内混响声，或安装在管道内以吸收气流噪声。

（5）吸声材料的运用。吸声材料主要用于控制和调整室内的混响噪声，消除回声，以改善室内的听闻条件；用于降低喧闹场所的噪声，以改善生活环境和劳动条件；广泛用于降低通风空调管道的噪声。吸声材料按其物理性能和吸声方式可分为多孔性吸声材料和共振吸声结构两大类。后者包括单个共振器、穿孔板共振吸声结构、薄板吸声结构和柔顺材料等。综合利用以上措施，可以更好地降低噪声。

3. 强化操作者的防护设备

操作者可选用耳罩、耳塞等防护设置，这类设备多选用吸声材料制作，有利于减小噪声的传播。

9.4 本章总结

通过本章的学习，大家了解了热环境、声环境、光环境下的设计要求以及作业环境的重要性。设计人员要在设计的过程中时刻考虑人在作业环境中的角色，要尽可能地排除环境中不利因素对人体的影响，为使用者创造舒适的操作环境，这不仅能保护使用者的安全，更可提高人机系统的安全性。

9.5 本章思考与练习

1. 如何理解人机操作环境？
2. 人机操作环境包含哪几方面？
3. 热环境的组成要素是什么？请详细解释。
4. 声环境的组成要素是什么？请详细解释。
5. 噪声是如何分类的？噪声对听力的影响是什么？应如何进行听觉保护？

参考文献

［1］肖世华．工业设计教程．北京：中国建筑工业出版社，2007.

［2］邵健伟．探索导盲之路　迈向社会共融．香港：香港理工大学出版社，2008.

［3］徐涵，刘俊杰，陈炜．人机工程教学与运用．辽宁：辽宁美术出版社，2008.

［4］丁玉兰．人机工程学（修订版）．北京：北京理工大学出版社，2002.

［5］朱祖祥．工业心理学．浙江：浙江教育出版社，2001.

［6］刘秉琨．环境人体工程学．上海：上海人民美术出版社，2007.

［7］李彬彬．设计心理学．北京：中国轻工业出版社，2001.

［8］刘春荣．人机工程学应用．上海：上海人民美术出版社，2004.

［9］张同．产品系统设计．上海：上海人民美术出版社，2004.

［10］李建中，任卫红，何定东．人机工程学．北京：中国矿业大学出版社，2000.

［11］罗仕鉴，朱上上，孙守迁．人机界面设计．北京：机械工业出版社，2002.

［12］王继成．产品设计中的人机工程学．北京：化学工业出版社，2004.

［13］李乐山．工业设计思想基础．北京：中国建筑工业出版社，2001.

［14］袁修干，庄达民．人机工程．北京：北京航空航天大学出版社，2002.

［15］李乐山．工业设计心理学．北京：高等教育出版社，2004.

［16］［美］库法罗．工业设计技术标准常备手册．姒一，王靓．上海：上海人民美术出版社，2009.

［17］陈重武．新色彩构成．天津：天津人民美术出版社，2003.

［18］张凌浩．产品的语义．北京：中国建筑工业出版社，2005.